宠物大本营

宠物图书编委会 编

MING
YOU

名优 宠物 狗

CHONGWU GO

PINZHONG TUJIA

品种 图鉴

U0388016

化学工业出版社

·北京·

编委会人员

刘秀丽、葛志仙、季慧、赵可鑫、张鹤、张文艳、张庆、李洁、李彩燕、顾新颖、张来兴、潘颖、陈方莹、徐栋、薛翠玲、霍秀兰、李淳朴、边疆、张萍、于红、顾玉鑫、石磊、赵健

本书是一本图鉴类书籍，是广大爱狗人士的养狗指南。书中精选了 46 种小型犬，43 种中型犬，51 种大型犬，共 140 种名优品种狗，详细介绍了每种狗的祖先、原产地、身高、体重、性格特点及饲养方法等内容。书中为每个品种的狗配上了高清晰图片，详细地描述了狗的各部位特征，以图鉴的形式展现，方便广大读者辨认。本书还针对每种狗的饲养给出了建议，为饲养者提供了专业性的指导。如果想要了解不同种类的狗，并且掌握饲养方法，不妨翻阅此书，书中会寻找到您需要的答案。

图书在版编目（CIP）数据

名优宠物狗品种图鉴 / 宠物图书编委会编 . —北京：化学工业出版社，2019.10
（宠物大本营）
ISBN 978-7-122-34962-0

Ⅰ . ①名… Ⅱ . ①宠… Ⅲ . ①犬 - 品种 - 世界 - 图集
Ⅳ . ① S829.2-64

中国版本图书馆 CIP 数据核字（2019）第 154647 号

责任编辑：李　丽
责任校对：王　静　　　　　　　　装帧设计：芊晨文化

出版发行：化学工业出版社 (北京市东城区青年湖南街 13 号　邮政编码 100011)
印　　装：北京缤索印刷有限公司
889mm×1194mm　1/32　印张 9½　字数 300 千字　2020 年 2 月北京第 1 版第 1 次印刷

购书咨询：010-64518888　　售后服务：010-64518899
网　　址：http://www.cip.com.cn
凡购买本书，如有缺损质量问题，本社销售中心负责调换。

定　　价：69.00 元　　　　　　　　　　　　　　版权所有　违者必究

前言

　　在很多爱狗人士的心中，狗是人类最忠诚的朋友。从古至今，狗和人类有着密切的关系。在古代，人们饲养狗，让狗看家护院。如今，人们饲养狗，主要是把狗视为宠物，有了狗的陪伴，人们的生活会更有乐趣。

　　犬类从野生肉食动物进化为家庭宠物，整个过程受到人类的干预。人类仅仅用了数百年时间，就繁育出许多品种的犬。然而，计划繁育并没有消除野狼祖先赋予犬类的基本生物特征。

　　所有的犬类，都拥有共同的祖先——野生灰狼。从遗传学的角度来说，任何品种的犬都带有与狼近乎相同的基因。从野生灰狼到如今的众多驯化犬类，整个进化过程相当快。在整个进化过程中，起初，犬的体型和大小变化并没有规律。但当人类开始选育所需特征突出的犬只时，进化速度开始加快。

　　研究发现，犬类从野狼进化为驯化动物的演变过程，最可能的发源地是东亚，时间约为 1.5 万年前。

　　本书是广大爱狗人士的养狗指南。书中精选了许多品种的狗，详细介绍了每种狗的祖先、原产地、身高、体重、性格特点以及饲养方法等内容。

　　本书是一本图鉴类书籍，对爱狗人士具有指导作用。书中为每个品种的狗配上了高清晰图片，详细地描述了狗的各部位特征，

以图鉴的形式展现，方便广大读者辨认。本书针对每种狗的饲养给出了建议，为饲养者提供了专业性的指导。

如果想要了解不同种类的狗，并掌握饲养方法，不妨翻阅此书，到书中寻找答案。这本书内容实用，但书中难免存在一些不足之处，因此欢迎广大读者批评指正。

编者

2019 年 11 月

目录

了解犬

小型犬

中型犬

大型犬

了解犬

　　犬是群居动物，敬畏首领，易听从家里比较威严的主人的命令。犬有很强的等级观念，头犬有更大的权力。犬的领域观念强烈，常用尿尿来标记它的"势力范围"。犬类如果从小就与人生活在一起，并受到人的爱抚，那么就会熟悉人的气味，将人视为朋友，并且更容易训练。

　　犬类作为古老的驯养品种，和人类关系密切，所以更能理解人类，能感受人类的身体语言、气味、声音，尤其是能感觉人类的焦虑、乐观、幸福、恐惧、抑郁等。犬类经过训练后有多种用途，如将不听话的羊带回羊群、引导盲人过马路、听从主人的命令捡东西等。犬类是一种神奇的生物。

犬类的进化

犬的体型、用途、特点各不相同，但这些犬都具有相同的遗传基因，都起源于约 15000 年前东亚的野生灰狼，而且是从东亚开始驯化，然后逐渐扩散到欧洲和美洲。当时，犬的祖先生活在中国境内或者中国附近。五、六只母狼先后被人类驯养，从那时起，人类与犬就开始了共同的生活。由于人类的干预，同一祖先的犬现在已经发展到约 350 个种类。

狼被最早驯化的原因可能是开始于人们需要获取它的肉和皮毛，因为当时处于原始社会，生产力低下，人们通过狩猎来获取食物，而狼常常被人类猎杀。后来人们发现狼的嗅觉灵敏，可帮助人类狩猎其他动物，于是狼开始被有目的地驯养。对于犬来说，为人类服务能得到庇护和稳定的食

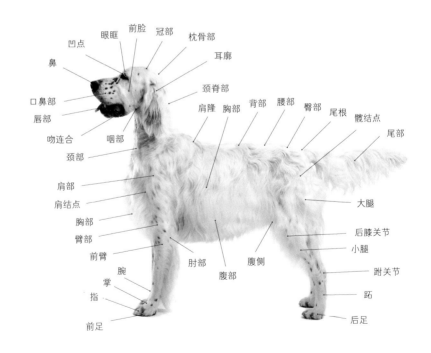

雌性英国雪达犬左侧身体结构图

物来源，相对于野外生存的恶劣环境，很有诱惑力。所以在对双方都有利的条件下，人与犬的关系越来越紧密，犬的用途也随之越来越广泛。

犬类的身体结构

犬的身体结构与它的祖先——灰狼的构造类似，可以分为三部分，前驱、中段、后驱，它们构成了一个和谐的整体。前驱包括头、颈、前肢和肩膀，中段包括后背和尾巴，后驱包括骨盆和后腿。

犬种分类

世界上已知的犬种约为850种，但尚无统一的标准对犬种进行客观的分类。按体型大小一般分为小型犬、中型犬、大型犬。根据用途可分为家庭犬、玩具犬、梗类犬、牧羊犬、狩猎犬、枪猎犬。

腊肠犬

家庭犬： 类型最为丰富，比较适应家庭生活，陪伴主人，保护家庭成员，性情温顺、智商较高。

常见的家庭犬有：迷你宾莎犬、澳洲丝毛梗犬、猎狐硬毛梗犬、腊肠犬、西部高地白梗犬等。

北京犬

玩具犬： 外形出众，供人观赏，性格聪明活泼，体型小，适合与人陪伴，又叫伴侣犬、玩赏犬。

常见的玩具犬有：西施犬、北京犬、博美犬、吉娃娃、日本银狐、蝴蝶犬、约克夏等。

苏格兰梗犬

梗类犬：短毛小猎犬，善于狩猎穴中的野兔、水獭、獾等动物；梗，挖土的意思，大部分产于英国。

常见的梗犬有：苏格兰梗犬、西部高地白梗犬、万能梗犬、猎狐梗犬、凯利兰梗犬、斯塔福德牛头梗犬、贝林顿梗犬等。

喜乐蒂牧羊犬

牧羊犬：工作犬的一种，天性忠诚，善于护卫，性情坚定、勇敢，身形紧凑，被毛粗糙。

常见的牧羊犬有：澳洲牧羊犬、喜乐蒂牧羊犬、古代英国牧羊犬、粗顺毛柯利犬等。

阿富汗猎犬

狩猎犬：训练后，擅长帮助人类追赶捕猎，扑杀猎物、身体强壮，性格独立，对人友善温和。

常见的狩猎犬有：塞尔维亚猎犬、罗德西亚脊背犬、阿根廷犬、萨路基犬、阿富汗猎犬、巴吉度猎犬等。

英国可卡犬

枪猎犬：大多为长毛猎犬，单独与猎人行动，嗅觉灵敏，擅长将猎物咬回主人面前，猎鸟的高手。

常见的枪猎犬有：雪达犬、英国可卡犬、金毛寻回犬、米格鲁猎兔犬、威斯拉犬、魏玛猎犬等。

犬类的头型

　　将所有犬种的头型经过比对后发现，都属于三种基本头型的变异，即长头型、中间头型、短头型。大多数犬长宽比例适度，属于中间头型，如拉布拉多猎犬。如果形状窄长，几乎看不到头盖骨与鼻梁的连线，属于长头型，如粗毛柯利牧羊犬。如果长度短而基底宽大，则属于短头型，如巴哥犬。

长头型（粗毛柯利牧羊犬）

中间头型（拉布拉多猎犬）

短头型（巴哥犬）

犬类的眼型

　　犬的眼型是指狗狗眼睛的形状，主要依靠上下眼睑的状态来决定。虽然狗狗眼睛的形状很多，但大致可分为以下四种：

　　杏仁形眼：眼睛呈杏仁状，绝大多数狗狗属于杏仁形眼，如猎兔犬。

　　三角形眼：眼角外侧松弛下垂，外眼角被遮盖，眼裂成近似三角形，如迷你斗牛梗犬。

　　卵形眼：也叫椭圆形眼，形状类似于鸡蛋，如罗威士梗犬。

　　圆形眼：眼睛大而圆，如贵宾犬。

杏仁形眼（猎兔犬）

三角形眼（迷你斗牛梗犬）

卵形眼（罗威士梗犬）　　　　　　　圆形眼（贵宾犬）

犬类的耳型

许多犬种的耳朵都是敏锐竖立的，像原始犬科动物一样，但经过长时间的计划繁育，出现了耳形众多的犬只，大致可分为竖耳、半竖耳、垂耳三种。这三种里又有许多变型，如蝙蝠耳、烛焰耳就属于竖耳型。耳型是定义犬种的主要特征，如猎犬常有长长的垂耳。耳型主要影响犬的整体外观，良好的形状和仪态是优良犬种的重要特点。

竖耳（迷你宾莎犬）　　　　垂耳（腊肠犬）　　　　纽扣耳（猎狐硬毛梗犬）

蝙蝠耳（吉娃娃犬）　　　　吊耳（英国可卡犬）　　　　玫瑰耳（德国宾莎犬）

犬类的被毛类型

　　犬的被毛对狗狗来说有着重要作用，不但可以保护狗狗免受不良环境的刺激，也可以维持体温恒定。绝大多数犬种都有双层被毛，即里层被毛和外层被毛，通常里层被毛浓密柔软，随季节变换而脱落，起保温作用；外层被毛是构成毛色的主要部位，毛长而粗。根据被毛长短及形态的不同，主要分为无毛犬、长直毛犬、短毛犬、卷毛犬、线绒毛犬和蓬毛犬。

无毛犬：并非完全无毛，只是被毛仅在头部、四肢下部、尾部等处有，如墨西哥无毛犬、中国冠毛犬、秘鲁无毛犬等。

长直毛犬：被毛浓密、光滑有光泽，长长的毛发可以直垂到地上，如阿富汗猎犬、马尔济斯犬等。

短毛犬：致密的短毛发紧贴身体皮肤，直立而柔顺。如秋田犬、沙皮犬、大丹犬、斑点犬等。

卷毛犬：毛发卷曲、蓬松而浓密，长而呈波浪状，如贵宾犬、卷毛比熊犬、可卡犬等。

线绒毛犬：身体覆盖有绳索状的厚厚被毛，如灯芯绒贵妇犬、可蒙犬等。

蓬毛犬：毛发浓密而蓬松，底层被毛像棉花，外层毛发较粗，成针状，如博美犬、京巴犬等。

选择适合你养的狗狗

你所选的狗狗可能会陪伴你 10 年之久，那么就不能仅由于外表高大或娇巧可爱而选择，而要综合考虑自己能提供的空间大小、能投入的时间和精力的多少、家庭房间整洁度、狗狗每日所需的运动量、经济能力等方面，选择一只适合的狗狗能带给你真正的快乐。

有了狗狗，房间不太可能保持整洁，狗毛也许会乱飘，狗狗口水会滴落在地板上、沙发上，脏脏的爪子上可能沾有泥巴，选择狗狗，就要容忍狗狗带来的不便。

有的狗狗需要每天梳理、解开缠在一起的被毛，尤其是长毛犬，如果你有时间精心护理最好，如果没有就要考虑专业梳理。每天需要梳理的狗狗为高梳理要求，一周一次以上的梳理要求为中等梳理要求，一周一次的要求为低梳理要求。

有的狗狗每天需要散步和陪伴，以保持它乐观的性格和强健的身体。

如果被忽视太久，可能会忧郁而具有破坏性。每天运动量需要 2 小时以上的狗狗为高运动量，1 ~ 2 小时的为中等运动量，最多 30 分钟的为低运动量。

有的狗狗易于训练，为非常容易训练类型；有的狗狗训练难度大，耗费时间长，为较难训练类型；有的狗狗易于训练但需要耐心，为容易训练类型。

按低运动量、低梳理、非常容易训练的要求，可选的狗狗有博美犬、法国斗牛犬、中国冠毛犬等。低运动量、低梳理、比较容易训练的品种有迷你宾莎犬、哈巴狗等。

按中等运动量、中等梳理要求、非常容易训练的要求，可选的狗狗品种有比利牛斯山地犬、查尔斯王骑士猎犬、长毛腊肠犬等。中等运动量、中等梳理要求、比较容易训练的品种有西藏猎犬、英国塞特犬、荷兰狮毛犬、小明斯特兰德犬等。

小型犬

小型犬是指成年时体重不超过 10 千克，身高在 40 厘米以下的犬类。它们非常适合室内空间不太大的城市家庭饲养，而且运动量不大，家里有限的空间就能满足它的运动需求。通常来说，它们性格活泼、温顺、可爱，喜欢亲近人类，是理想的家庭宠物。

博美犬

博美犬小名片	
别称	波美拉尼亚犬、松鼠犬
身高	22 ~ 28 厘米
体重	2 ~ 3 千克
原产地	德国
性格特点	勇敢、积极、友善、忠心
运动量	散步速度 10 分钟 ×1 次 / 天
用途	玩赏犬、伴侣犬
易患疾病	骨折、气管塌陷、流泪症、膝盖脱臼
耐寒性	耐寒性中等

易驯养性：★ ★
友好性：★ ★
判断力：★ ★
适合初学者：★ ★ ★
健康性：★ ★
社会性、协调性：★ ★

博美犬最初用于工作和看护，后在德国博美地区进行改良，转为伴侣犬。该犬性格外向、聪明活泼，忠于主人，极易驯养。虽体型小，但叫声尖锐、响亮，所以博美犬是非常称职的看门犬，遇到突发状况会表现得非常勇敢、凶悍。此犬自尊心很强，喜欢得到肯定和赞赏。

楔状头部

立耳，型似狐狸耳，双耳距离较近

杏仁状深色明亮的眼睛

尾巴位置高，覆盖有厚羽状的浓密被毛

小而圆的黑色鼻子

被毛蓬松、柔软

后肢、臀部被毛较长

足爪呈拱性，紧凑

• 驯养注意事项 •

博美犬有双层被毛，底毛柔软浓密，需要经常修剪和每日梳理，不太适合过于忙碌的人士。换毛期脱毛量较大，应注意保持清洁，每周洗一次澡为宜。博美犬活泼好动，所以最好每日带它散步，进行户外运动。

吉娃娃犬

吉娃娃犬小名片

别称	迷你狗、茶杯犬、奇娃娃
身高	15 ~ 20 厘米
体重	2.7 千克以下
原产地	墨西哥
性格特点	聪明、自负
运动量	散步速度 10 分钟 ×2 次 / 天
用途	伴侣犬、家犬、宠物犬
易患疾病	膝盖脱臼、眼疾
耐寒性	耐寒性较差

易驯养性： ★ ★
友好性： ★ ★
判断力： ★ ★
适合初学者： ★ ★ ★ ★
健康性： ★ ★ ★ ★
社会性、协调性： ★ ★

吉娃娃犬是世界上最古老、体型最小的纯种犬之一，其名字来源取自墨西哥的奇瓦瓦市。其体型接近方形，身体紧凑，头骨为苹果形，尾巴高高举起呈半圆形。吉娃娃犬性格活泼、聪明、优雅、动作迅速，有坚强的意志，即使面对大型犬，也不胆怯，非常勇敢。

圆苹果头

耳根宽的竖立大耳

大而圆的暗色眼睛

粗壮无垂肉的颈部

宽阔的深胸

尾部直立或卷翘

椭圆形的小足部

• 驯养注意事项 •

吉娃娃犬不喜欢外来同品种的狗，对主人有独占心。该犬不宜养在户外，太热、太冷都很容易使它生病，受寒后容易患肺炎和风湿性关节炎，冬天外出一定要注意加衣御寒。给其梳毛时，可先用梳子或钢丝刷子顺着毛的生长方向梳理，再梳理毛根部。吉娃娃犬运动量不大，不用经常花时间带它出去玩，非常适宜城市公寓饲养。

罗威士梗犬

罗威士梗犬小名片	
别称	挪威梗、诺里奇梗
身高	25.5 厘米以下
体重	5 ~ 7 千克
原产地	英国
性格特点	机敏、灵活、好奇心强
运动量	散步速度 20 分钟 ×2 次/天
用途	工作犬、伴侣犬
易患疾病	过敏、皮肤病
耐寒性	耐寒性中等

易驯养性：★★★★★
友好性：★★★★
判断力：★★★★★
适合初学者：★★★★
健康性：★★★
社会性、协调性：★★★

20 世纪初期，英国人福兰克琼斯在英国罗威士地区用工作梗发展出了罗威士梗，这一品种的犬都是垂耳，剪耳的则是诺福克梗。此犬体型小，但勇敢、忠诚、身体健壮，是最小的工作梗之一。此犬爱运动，适应性好，可以单独或结伴捕捉老鼠。

竖立的耳朵

卵形的深色小眼睛

黑色鼻镜

柔软的底毛上是又硬又直的钢质被毛

宽阔的深胸

短而有力的腿适合挖掘工作

足爪圆，脚垫厚实趾甲为黑色

• 驯养注意事项 •

　　罗威士梗的颈部和肩部是具有保护性的鬃毛，毛质硬而直，宜常用梳子梳理脱落的被毛，带有珠针的圆头刷能同时起到按摩的作用。该犬喜欢运动，每天保持一定的运动量是必须的。在喂养罗威士梗的时候，注意七分饱就可以了。

蝴蝶犬

蝴蝶犬的名字是法语的"蝴蝶"。其身体十分纤细，体长略大于肩高，耳朵附近的被毛像蝴蝶的翅膀一样，给人一种优雅的感觉。在路易时代，侏儒小猎犬中体形较大者逐渐由垂耳变成了直立耳，两耳倾斜于头部两侧，看上去像蝴蝶的翅膀，发展到现代就是蝴蝶犬。

蝴蝶犬小名片

别称	蝶耳犬、巴比伦犬
身高	20 ~ 28 厘米
体重	4 ~ 4.5 千克
原产地	法国、比利时
祖先	西班牙的一种猎犬
性格特点	聪明、胆小
运动量	20 分钟 / 天
用途	伴侣犬、玩赏犬
易患疾病	膝盖脱臼、眼疾

易驯养性：★★
友好性：★★
判断力：★★★★
适合初学者：★★★
健康性：★★★★
社会性、协调性：★★

头较小，头部毛斑左右对称

耳直立或垂、大，根高

圆眼

鼻梁短，鼻头黑色

唇宽

被毛绢丝状

尾根高、有饰毛，负于背

• 驯养注意事项 •

　　蝴蝶犬活泼温驯，体质健壮，灵敏，活泼好动，饲养者要有充足的时间可支配。又因蝴蝶犬是小型长毛犬，需经常打理。它的脚爪，还应及时修剪，否则，尖锐的脚爪会损伤主人的身体和衣服。蝴蝶犬极爱玩耍嬉戏，所以饲养者可同时养两只，这样，它们就可以相互陪伴、一起玩耍了。

凯恩梗犬

凯恩梗犬小名片	
身高	24 ~ 30 厘米
体重	6 ~ 7.5 千克
原产地	英国
祖先	斯凯梗犬
性格特点	活泼、好奇心强、黏人
运动量	跑步速度20分钟×2次/天
用途	捕猎犬、伴侣犬
易患疾病	皮肤病、眼疾
耐寒性	耐寒性中等

易驯养性：★★★
友好性：★★★
判断力：★★
适合初学者：★★★
健康性：★★★
社会性、协调性：★★★★

凯恩梗犬 Cairn 的音译为石冢、岩石，指可以深入岩石缝隙中捕捉老鼠、狐狸等动物。凯恩梗犬和苏格兰梗、白梗等是同一祖先。除捕猎外，还是游泳高手。凯恩梗犬性格活泼、勇敢，是小型短腿工作犬。它聪明、忠诚，喜欢和主人黏在一起，非常看重与家人的关系，是理想的家庭犬。

小而尖的深色直立耳

较长的鼻口部

卵形的小眼睛

富有被毛的水平直尾

肌肉发达、灵活的躯干

前脚长于后脚，腿部有硬毛

• 驯养注意事项 •

凯恩梗犬应避免在烈日下活动，以防中暑。同时应勤晒褥、垫，防止潮湿。被雨淋湿后的犬要及时用毛巾擦干。凯恩梗有双层被毛，外层被毛硬而密，底层被毛柔软浓密，在换毛期要常进行梳理。

平毛猎狐梗犬

平毛猎狐梗犬小名片	
别称	短毛猎狐梗犬
身高	39厘米左右
体重	7～8千克
原产地	英国
性格特点	机敏、嫉妒心强、友善
运动量	跑步速度30分钟×2次/天
用途	猎犬、伴侣犬、看门犬
易患疾病	皮肤病、关节炎
耐寒性	耐寒性中等

易驯养性：★★★
友好性：★★
判断力：★★★
适合初学者：★★★
健康性：★★★★
社会性、协调性：★★★

平毛猎狐梗犬是刚毛猎狐梗犬的表亲，比刚毛猎狐梗犬被毛要少而短，白色被毛是为了避免被同伴误当作狐狸而特意培育出来的。平毛猎狐梗犬快乐、活泼、机警、健康，能适应高强度的训练，最初用来对付老鼠、兔子、狐狸，现在作为伴侣犬、看门犬。

V形半垂耳

带有棕褐色斑纹的短被毛

椭圆形深色的眼睛

高位直尾

黑色的鼻头

长而有力的大腿

小而圆的足部

• 驯养注意事项 •

平毛猎狐梗犬有敏锐的视觉和灵敏的嗅觉，性格活泼，而且平毛容易打理，每天用硬毛刷梳理，定期洗澡即可。它们非常喜欢和儿童玩耍，是儿童的好玩伴，也是优秀的看门犬。该犬是爱运动的犬，最好每天带它到户外运动。它嫉妒心较强，应从小坚持训练，以培养它的社交技能。

迷你贵宾犬

迷你贵宾犬小名片	
别称	狮子狗、贵妇犬、卷毛狗
身高	25 ~ 38 厘米
体重	6 ~ 9 千克
原产地	德国
性格特点	聪明、忠实、活泼、性情优良
运动量	散步速度 20 分钟 × 2 次 / 天
用途	伴侣犬
易患疾病	皮肤病、流泪症、睾丸囊肿
耐寒性	耐寒性中等

易驯养性：★ ★ ★ ★
友好性：★ ★ ★ ★
判断力：★ ★ ★
适合初学者：★ ★ ★ ★
健康性：★ ★ ★
社会性、协调性：★ ★ ★ ★

迷你贵宾犬在西欧有四百年的历史，是由标准贵宾犬和马耳他犬、哈威那犬杂交而生。曾流行于法国宫廷。标准贵宾培养目的是猎犬，而迷你贵宾犬仅是伴侣犬。迷你贵宾犬聪明伶俐、活泼可爱、优雅高贵、快乐温顺，拥有高智商和出色的学习能力，深受广大养犬者的欢迎。

头颅小而稍圆

卵形深褐色眼睛

鼻镜黑色，直，口吻长

有丰富饰毛的长耳朵

高位、上举的直尾巴

粗硬的天然浓密被毛

四肢直且肌肉发达

• 驯养注意事项 •

迷你贵宾犬保留了作为猎犬时的本领，游泳技术很好。因为迷你贵宾犬属于卷毛犬，所以掉毛比较轻，梳毛时喷一些防静电剂，可使发丝柔顺，卷毛更容易梳理。迷你贵宾犬可以被修剪成羊羔状，也可以被修剪成狮子状，是非常好的观赏犬。该犬依赖性很强，喜欢黏在主人身边。它也需要适当的运动，以保持良好的性情。

西施犬

西施犬小名片

别称	菊花犬、狮毛犬、赛珠犬
身高	20 ~ 28 厘米
体重	4 ~ 8 千克
原产地	中国西藏地区
性格特点	开朗、欢乐、胆小
运动量	散步速度10分钟 × 2次/天
用途	玩赏犬、伴侣犬
易患疾病	眼疾、口盖开裂
耐寒性	耐寒性中等

易驯养性： ★ ★

友好性： ★ ★ ★

判断力： ★ ★ ★

适合初学者： ★ ★ ★ ★

健康性： ★ ★

社会性、协调性： ★ ★ ★

西施犬因忠实、友善的品行而受人追捧，它是拉萨犬和京巴犬杂交的后代，因祖先具有高贵的血统，所以西施犬总是高昂着头，看上去很傲慢，实际上极有爱心，对人依恋性强，友好而信任，喜欢与人交往。西施犬头上的被毛呈放射状生长，很像一朵盛开的菊花，所以又被称为"菊花犬"。

额头有白色焰斑

长有浓密被毛的大耳朵

眼睛大而圆、不外突

尾部被毛丰富、尾尖呈白色

直而浓密的上被毛

长长的毛长满全腿

● **驯养注意事项** ●

西施犬有两层被毛，毛长而顺滑，应每周梳毛两到三次，容易打理。而且几乎不脱毛，所以深受敏感人士的喜爱。西施犬的眼睛大而圆，容易感染细菌引起角膜发炎，所以要常进行检查。西施犬不但能使主人快乐，也能自娱自乐，即使白天把它们单独留在家里也没有问题，但最好也要有一定的陪伴，它还是需要主人的关注的。

迷你宾莎犬

迷你宾莎犬虽像杜宾犬，但实际上比杜宾犬早出现几个世纪。它体型小，却极为勇敢，在德国起初主要用于捕鼠，是优秀的工作犬，现主要用于观赏，因忠诚、警戒心强，也是受欢迎的家庭犬。该犬沉着冷静，拥有强健的四肢、发达的肌肉、优雅的曲线，且精力充沛，遇到困难从不畏惧、退缩，是非常勇敢的小型化犬种。

迷你宾莎犬小名片	
别称	迷你平斯澈犬
身高	25.5 ~ 32 厘米
体重	4 ~ 5 千克
原产地	德国
性格特点	聪明、忠实、勇敢、警戒心强
运动量	散步速度20分钟×2次/天
用途	玩赏犬
易患疾病	皮肤病、腹股沟疝气
耐寒性	耐寒性较差

易驯养性：★★★★
友好性：★★★
判断力：★★★★
适合初学者：★★★
健康性：★★★★
社会性、协调性：★★★

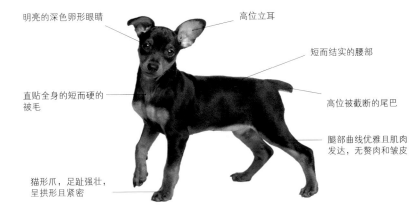

明亮的深色卵形眼睛

高位立耳

短而结实的腰部

直贴全身的短而硬的被毛

高位被截断的尾巴

腿部曲线优雅且肌肉发达，无赘肉和皱皮

猫形爪，足趾强壮，呈拱形且紧密

• 驯养注意事项 •

该犬活泼而重感情，非常适合与小孩子一起玩耍，训练得当的迷你宾莎犬能熟练掌握多种技能。该犬自尊心很强，有自己的主见，如果长时间缺乏陪伴，可能会变得敏感而带有攻击性。

棉花面纱犬

棉花面纱犬小名片

别称	皇家马达加斯加犬
身高	25 ~ 30 厘米
体重	5.5 ~ 7 千克
原产地	马达加斯加
性格特点	聪明、自负、友好
运动量	散步速度20分钟×2次/天
用途	玩赏犬
易患疾病	关节炎、眼疾
耐寒性	耐寒性中等

易驯养性：★ ★

友好性：★ ★ ★

判断力：★ ★ ★

适合初学者：★ ★ ★

健康性：★ ★ ★

社会性、协调性：★ ★ ★

棉花面纱犬起源于17世纪，马达加斯加岛。是比雄血统成员之一，因为拥有白色的如棉花一般柔软而蓬松的被毛而得名。棉花面纱犬属于小型长毛犬，擅长游泳，个性活泼开朗，喜欢玩耍，不喜欢被单独留置在家中。

圆形的深色眼睛，透着警觉

头部较短，从上面看呈三角形

耳朵下垂，三角形，位置较高，贴近脸颊

鼻梁宽，黑色鼻镜，鼻孔敞开

全身覆盖白色长被毛

前足小而圆

尾巴位置较低

● **驯养注意事项**

棉花面纱犬有着与外表截然相反的性格，它非常活泼、顽固、自负、警惕性非常强，拥有棉花一般的长被毛，但不脱毛，长被毛必须每天梳理，定期洗澡，以免被毛缠结。

澳洲丝毛梗犬

澳洲丝毛梗犬小名片	
别称	丝毛梗、悉尼丝毛梗、雪梨梗
身高	22 ~ 23 厘米
体重	4 ~ 5 千克
原产地	澳大利亚
性格特点	活泼、攻击性强、好奇心强
运动量	散步速度 10 分钟 ×2 次 / 天
用途	家庭犬、伴侣犬、玩耍犬
易患疾病	关节炎、糖尿病、脑积水
耐寒性	耐寒性中等

易驯养性： ★

友好性： ★

判断力： ★ ★ ★

适合初学者： ★ ★

健康性： ★ ★ ★

社会性、协调性： ★

澳洲丝毛梗犬起源于 19 世纪的澳大利亚悉尼。外表和约克夏梗犬非常像，但体型比约克夏耿犬大。澳洲丝毛梗犬身材矮小，体长大于身高，有着细长、浓密、富有光泽的丝状毛。该犬较顽皮，反应快，勇敢、活泼，对其他犬没有耐心，同时具有梗类犬特有的警觉性。

遮住眼睛的浅色顶髻

V 形小巧的直立耳

平坦的背部，将被毛向两边分开

上翘的高位尾巴

颈部中等长度，与肩部完美接合

被长饰毛覆盖的猫形足

丝绸般美丽的蓝灰色和棕黄色长被毛

● **驯养注意事项** ●

　　澳洲丝毛梗犬是长毛犬，但它不掉毛，也没有体味，只需要经常梳理即可，以免被毛缠结，它不需要过度修饰，适合家庭饲养。该犬对运动的要求不高，每天适当进行户外运动即可。

马耳济斯犬

马耳济斯犬小名片

别称	马耳他犬、马耳他岛猎犬
身高	20 ~ 22 厘米
体重	2 ~ 3 千克
原产地	马耳他
性格特点	聪明、活泼、勇敢、举止文雅
运动量	散步速度 10 分钟 ×2 次 / 天
用途	宠物犬、伴侣犬
易患疾病	心脏病、脑积水、眼疾
耐寒性	耐寒性较差

易驯养性： ★ ★ ★
友好性： ★ ★
判断力： ★ ★
适合初学者： ★ ★ ★ ★
健康性： ★ ★ ★
社会性、协调性： ★ ★ ★

　　马耳济斯犬原产于地中海的马耳他岛，是欧洲最古老的犬种，迄今已有近 3000 年的历史，在古代是贵妇们的宠物。其身材修长，姿态端庄，身披银白色长被毛，体型小，精力却很旺盛，对主人尽心尽力，忠诚度非常高，既活泼又稳定，健康又聪明，友善又温驯，是非常完美的宠物犬。

椭圆形大眼睛，黑色的眼眶

头很宽，大于头长的一半

贴近头部的长耳，长有大量长毛

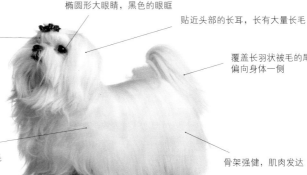

覆盖长羽状被毛的尾巴偏向身体一侧

长直而丝滑的白色被毛

骨架强健，肌肉发达

●驯养注意事项●

　　最好每天都要给马耳济斯犬打理体毛，每周洗澡一次，注意清洁泪痕。该犬不脱毛，但对潮湿较敏感，所以阴雨天要擦干其长毛。马耳济斯犬对运动要求不高，具有良好的体质和长寿的特质，但仍要注意带它散步，以促进其消化吸收的能力。它喜欢黏在主人身边，喜欢被家人抱着，依赖性很强。

骑士查理王小猎犬

骑士查理王小猎犬小名片	
身高	30.5 ~ 33 厘米
体重	5.9 ~ 8.1 千克
原产地	英国
祖先	猎鸟犬
性格特点	聪明、优雅、友善、勇敢
运动量	散步速度 20 分钟 ×2 次 / 天
用途	伴侣犬
易患疾病	心脏病、皮肤病、过敏
耐寒性	耐寒性中等

骑士查理王小猎犬因深受英王查理一世和查理二世的喜爱，所以以查理王命名，是世界上唯一以国王的名字命名的犬种。该犬拥有天然的贵族气质，文雅、活泼、勇敢、精力旺盛，是理想的城市伴侣。它非常聪明，能轻而易举地得到主人的关注，带给主人无限的乐趣。

易驯养性： ★ ★ ★
友好性： ★ ★ ★ ★
判断力： ★ ★ ★
适合初学者： ★ ★ ★ ★ ★
健康性： ★ ★
社会性、协调性： ★ ★ ★ ★

平坦的圆顶头部

褐色的大而圆的眼睛

鼻孔十分开阔

足部有厚厚的肉垫

宽宽长长的垂耳

丝质卷曲的被毛覆盖在坚强有力的躯干上

尾巴长度适中，有时被剪矩

● **驯养注意事项** ●

骑士查理王小猎犬需要每天梳理被毛，保持清洁和美观，炎热的季节应每周洗澡一至两次。该犬喜欢运动，渴望得到主人的关注，如果疏于陪伴，就会很容易感到寂寞。性格稳健、勇敢的骑士查理王猎犬是孩子的绝佳玩伴。

舒伯齐犬

舒伯齐犬在法兰德斯语里是"小船长""乘船"的意思，这是因为该犬在低洼地带的河边被用来看守运河船和捕捉老鼠，是比利时国产犬种，一直受到人们的喜爱。舒伯齐犬外表看上去很粗糙，表情很严肃，实际上它非常聪明、反应敏捷、对主人极为忠诚。

舒伯齐犬小名片

身高	25.5 ~ 33 厘米
体重	5.4 ~ 7.3 千克
原产地	比利时的法兰德斯地区
祖先	比利时牧羊犬或北方狐狸犬
性格特点	机敏、灵活
运动量	散步速度20分钟×2次/天
用途	狩猎犬、工作犬、伴侣犬
易患疾病	过敏、皮肤病、眼疾
耐寒性	耐寒性中等

易驯养性：★ ★ ★
友好性：★ ★ ★ ★
判断力：★ ★ ★
适合初学者：★ ★ ★ ★
健康性：★ ★ ★
社会性、协调性：★ ★ ★

三角形直立耳

头形像狐

棕褐色椭圆形的小眼睛，透着警觉

肌肉发达、强壮的背部

黑色厚密的被毛覆盖在颈部

尾巴长度适中，有时被剪短

类似于猫爪的圆形

● 驯养注意事项 ●

舒伯齐犬体型小，反应迅速，动作敏捷，其被毛需经常梳理，除去脱落的被毛和灰尘，促进血液循环，增强皮肤的抵抗力。舒伯齐犬通常寿命较长，有着强烈的好奇心，性情温和，能与孩子们融洽地相处。对陌生人常保持警惕性，可用来保护自己的家庭和财产，是一种极好的看门犬种。

贵宾犬

贵宾犬小名片

别称	贵妇犬、卷毛狗、泰迪犬
身高	28 ~ 45 厘米
体重	20 ~ 35 千克
原产地	法国
性格特点	活泼、聪明、有爱心
运动量	跑步速度 20 分钟 ×2 次 / 天
用途	玩赏犬、伴侣犬
易患疾病	皮肤病、外耳炎、髌骨病
耐寒性	耐寒性中等

易驯养性: ★ ★ ★ ★

友好性: ★ ★ ★ ★

判断力: ★ ★ ★ ★

适合初学者: ★ ★ ★ ★

健康性: ★ ★ ★ ★

社会性、协调性: ★ ★ ★ ★

　　贵宾犬被法国誉为国犬,以水中捕猎而著称。贵宾犬机敏,动作优雅、矫健,身体比例匀称,有一种与生俱来的独特高贵的气质。人们由标准贵宾犬繁育出体型大小不同的巨型犬、迷你犬、玩具犬三种。贵宾犬智商排名世界第二,性情温良,非常忠实,是人见人爱的犬种。

小而圆的头部

黑色圆形眼

修长、匀称的颈部

深而宽阔的胸部

呈椭圆形的小足部

长长的垂耳

短而健壮的背部

肌肉发达、粗壮的后躯

● **驯养注意事项** ●

　　贵宾犬属于卷毛犬,所以掉毛情况比较轻,需要定时修剪,否则会打结,影响其漂亮的卷度。贵宾犬喜欢运动,每天应保持一定的户外活动,尤其喜欢水,因此后躯毛应该剪掉,以防湿后积水。贵宾犬比较黏人,非常怕寂寞,所以上班族最好给它找个狗伴,否则可能会得抑郁症。

猎狐硬毛梗犬

猎狐硬毛梗犬起源于 18 世纪，因最初被用于猎捕狐狸，所以被称为猎狐梗犬。此外还有软毛猎狐梗，又分为直毛和卷毛两个品种。猎狐硬毛梗犬性格活泼、警惕性强、动作敏捷，富有速度和耐力。有着丰富的感情，能体会家人的情绪，并做出适时的举动，是理想的家庭犬。

猎狐硬毛梗犬小名片

身高	39 厘米左右
体重	7 ~ 8 千克
原产地	英国
祖先	硬毛梗犬
性格特点	活泼、勇敢、易兴奋、爱挖掘
运动量	跑步速度 20 分钟 ×2 次 / 天
用途	捕猎犬、伴侣犬
易患疾病	皮肤病、眼疾
耐寒性	耐寒性中等

易驯养性：★★
友好性：★★
判断力：★★
适合初学者：★★
健康性：★★
社会性、协调性：★★

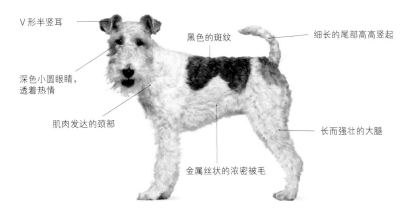

V 形半竖耳

深色小圆眼睛，透着热情

肌肉发达的颈部

黑色的斑纹

细长的尾部高高竖起

长而强壮的大腿

金属丝状的浓密被毛

● 驯养注意事项 ●

　　猎狐硬毛梗犬警惕性很强，在趁人不备时会突然袭击陌生人。喜欢挖掘，这源于早期它的工作属性，所以社交培养和早期训练尤为必要，以抑制它挖掘的习性。该犬的被毛需定期梳理除去脱落的被毛，但不需要剪毛，否则会影响被毛质量。眼部的被毛也要定期处理，以免伤到眼睛。

捷克梗犬

捷克梗犬小名片

别称	波希米亚梗
身高	30 厘米左右
体重	9 千克左右
原产地	前捷克斯洛伐克
性格特点	温和、憨厚、忠诚
运动量	散步速度30 分钟 ×2 次 / 天
用途	狩猎犬、伴侣犬、看门犬
易患疾病	眼疾、过敏、椎间盘突出
耐寒性	耐寒性中等

捷克梗犬是由著名苏格兰梗和锡利哈姆梗养殖专家、遗传学家哈拉博士在 1949 年培育的，最初用来狩猎、挖掘、从洞穴中驱逐猎物，现在常被用来作看门犬、伴侣犬，有的也用作工作犬。它性格友好、有耐心、警觉性强，同时也很爱吠叫，需要从小进行持久训练。

易驯养性： ★ ★ ★ ★
友好性： ★ ★ ★ ★
判断力： ★ ★ ★ ★
适合初学者： ★ ★ ★ ★
健康性： ★ ★ ★
社会性、协调性： ★ ★ ★ ★

温和而深色眼睛

三角形的高位垂耳

浅咖啡色短毛背部

面部下垂的长须

下垂的尾巴

覆盖长被毛的四肢

● **驯养注意事项** ●

捷克梗犬非常坚韧、有耐力、勇敢、性格温和而受人欢迎，拥有丝绸般有光泽的被毛，一般将其背部被毛修剪成短毛，而面部、四肢、腹部的被毛留长，其被毛需经常梳理。该犬对儿童友好，也易于与其他犬相处。

意大利灵缇犬

意大利灵缇犬是古老的犬种，属于纯种犬，最初被用来利用视觉追踪猎物，奔跑时速可达每小时 64 公里，最高可达 70 公里，是世界上奔跑速度最快的狗。此犬气质优雅，身体纤细，机警敏锐，动作轻盈，性格温和，非常惹人怜爱。

意大利灵缇犬小名片

别称	格力犬、灰狗、灵缇
身高	33 ~ 38 厘米
体重	2.7 ~ 4.5 千克
原产地	意大利
性格特点	警惕性强、胆小、机警灵敏
运动量	散步速度 20 分钟 ×2 次／天
用途	猎犬、伴侣犬
易患疾病	皮肤病、眼疾
耐寒性	耐寒性较差

易驯养性：★ ★ ★
友好性：★ ★ ★ ★
判断力：★ ★ ★
适合初学者：★ ★ ★
健康性：★ ★ ★
社会性、协调性：★ ★ ★

长而平的头颅

折起的小而薄的耳朵

椭圆形的深色大眼睛

细密的短被毛

下垂的细长尾巴

深厚的胸部

肌肉发达、修长有力的四肢

• 驯养注意事项 •

　　意大利灵缇犬不喜欢吠叫和攻击陌生人，所以不能看家护主。它非常怕冷，喜欢待在温暖舒适的地方。该犬每天都需要运动，成年犬的运动量是每天十公里左右，它具有令人吃惊的速度和灵活性。意大利灵缇犬没有体臭，也不易脱毛，易于打理。由于超强的爆发力和速度，所以容易擦伤和骨折。此外，犬舍应保持清洁，并定期消毒，以防传染病。

约克夏梗犬

约克夏梗犬起源于 19 世纪中期的英国约克夏地区，所以得名约克夏梗犬。约克夏梗犬体型娇小，被毛像丝绸般顺滑，非常鲜艳耀眼，华丽高贵，被称为"活动的宝石"。起初被工人和农民用作捕鼠，后来改良，成为贵妇人携带的宠物。该犬聪明、活泼，易于相处。

约克夏梗犬小名片

别称	约克郡梗、约瑟犬、约瑟猩
身高	18 ~ 23 厘米
体重	不超过 3.2 千克
原产地	英国
性格特点	冲动、活泼、忠诚、固执己见
运动量	散步速度 10 分钟 ×2 次 / 天
用途	玩赏犬、伴侣犬
易患疾病	膝盖脱臼、心脏病、尿路结石
耐寒性	耐寒性较差

易驯养性：★ ★

友好性：★ ★ ★

判断力：★ ★

适合初学者：★ ★ ★ ★

健康性：★ ★

社会性、协调性：★ ★ ★

V 形、直立的小耳朵

黑色的小眼睛，透着敏锐、警觉的目光

背部水平，钢蓝色的被毛长而直

黑色的鼻镜

柔滑、精致的棕黄色面部被毛

尾巴毛更多、颜色更深，举起时比背线略高

后腿直立，被毛遮盖

● 驯养注意事项 ●

约克夏梗犬性格温顺，易与家庭其他成员相处。不过该犬很黏人，常常通过吠叫吸引主人的注意，对主人忠诚，对其他人则比较冷漠，非常在意主人的表扬和肯定，因此要尽量多与其沟通，否则时间长了容易情绪压抑而致病。此外，该犬的被毛不易梳理，最好每天早晚各一次，每次梳理五分钟。如不想展示狗狗的被毛，可将其剪短。

西藏梗犬

西藏梗犬小名片	
身高	36 ~ 41 厘米
体重	8 ~ 13.5 千克
原产地	中国西藏
性格特点	机敏、灵活、忠诚
运动量	散步速度 20 分钟 ×2 次 / 天
用途	伴侣犬
易患疾病	过敏、皮肤病
耐寒性	耐寒性较强

易驯养性：★ ★ ★
友好性：★ ★ ★ ★
判断力：★ ★ ★
适合初学者：★ ★ ★
健康性：★ ★ ★
社会性、协调性：★ ★ ★ ★

西藏梗犬其实并不是真正的梗犬，只是体型与梗犬相似，其性格与梗犬有很大区别。该犬聪明、忠诚而富有感情，能抵抗西藏恶劣的气候。在西藏，非看门犬，也非牧羊犬，被尊为伴侣犬，西藏人称它为"幸运的带来者"或者为"圣犬"，所以它一直保持着纯种，如错配会被认为带来厄运。

能保护眼睛、抵抗风雪的柔软被毛

正方形、结实、紧凑的身躯

中等长度，既不宽，也不粗劣的头部

有大量饰毛的高位卷尾

肌肉发达的很宽的后腿比前腿略长

有丰富被毛的雪靴样子的脚，适合在寒冷的硬地上行走

能抵御暴风雪的双层厚被毛

• 驯养注意事项 •

西藏梗犬的被毛较长，但不能拖地，最好每天为它梳理，头部的被毛可能会进入眼睛内，最好向两边分开，或捆扎起来。同时一周洗一次澡。该犬性情温柔、身体健壮、抵抗力强，是可爱的伴侣，也是优秀的家庭犬。

西里汉梗犬

西里汉梗犬起源于 1850 年，由约翰爱德华大尉在威尔斯的西里汉领地上培育出来的。该犬培育过程中使用了各种梗犬，还引进了柯基犬的血统。培育初期主要用于水边狩猎，用来抓獾和水獭。现在主要作为宠物饲养。该犬活泼、敏捷、勇敢，是力量和意志的结合体，非常讨人喜欢。

西里汉梗犬小名片	
别称	锡利哈姆梗
身高	25 ~ 30 厘米
体重	8 ~ 9 千克
原产地	英国
性格特点	勇敢、警惕、顺从
运动量	快跑速度 30 分钟 ×2 次 / 天
用途	狩猎犬、伴侣犬
易患疾病	关节炎、眼疾、椎间盘突出
耐寒性	耐寒性中等

易驯养性：★★★
友好性：★★
判断力：★★★
适合初学者：★★★
健康性：★★★
社会性、协调性：★★★

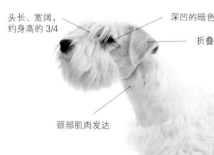

头长、宽阔，约身高的 3/4

深凹的暗色卵圆形眼

折叠状耳，尖端为圆形

断尾，保持直立

颈部肌肉发达

前腿结实，骨骼粗壮

后腿比前腿长，胯不如前腿厚实

脚呈圆形，肉垫厚

丝状或卷曲被毛

● 驯养注意事项 ●

西里汉梗犬的典型特征是低矮、坚实的体型和自然的双层被毛，硬质刚毛下是柔软、浓密的底毛。该犬活泼好动，宜每天都带它奔跑、跳跃，有助于健康成长。宜每天用硬毛刷梳理被毛，如想保持其观赏性可定期由专家修理。还要定期给它洗澡，保持其身体的洁净。

日本狐狸犬

日本狐狸犬小名片

别称	日本史必滋、日本尖嘴犬
身高	30 ~ 38 厘米
体重	5 ~ 6 千克
原产地	日本
性格特点	聪明活泼、敏感、忠于主人
运动量	跑步速度30分钟 ×2次/天
用途	玩赏犬、伴侣犬
易患疾病	皮肤病
耐寒性	耐寒性较强

易驯养性： ★ ★
友好性： ★ ★
判断力： ★ ★ ★
适合初学者： ★ ★ ★
健康性： ★ ★ ★ ★
社会性、协调性： ★ ★

日本狐狸犬长得特别像狐狸，所以命名为狐狸犬。该犬早期为狩猎犬、放牧犬，现在成为受欢迎的伴侣犬。该犬个性开朗，易兴奋，像火一样一触即发。警惕性极强，易在陌生人面前流露出攻击性，只有在熟悉的人面前才会放松。被忽视时容易变得紧张而常常吠叫。

眼大而圆略呈黑色

被短被毛覆盖的三角形直立耳

臀部宽阔，肌肉丰满

细腻柔软，纯白色、明亮的被毛

颈部肌肉发达

后腿宽阔，肌肉丰满

饰毛丰富的猫形趾

● **驯养注意事项** ●

日本狐狸犬喜爱自由，爱好运动，如家养应保持充足的运动量，每天带它到室外活动最好。由于该犬被毛长而洁白，宜常梳理和洗澡，以保持被毛的色泽。同时，在幼年时就应加强训练以提高它的安全感，克服它常常吠叫的缺点。

贝灵顿梗犬

贝灵顿梗犬小名片

别称	贝林登梗犬
身高	37 ~ 44 厘米
体重	8 ~ 11 千克
原产地	英国
性格特点	机灵、勇敢、敏捷
运动量	快跑速度 30 分钟 ×2 次 / 天
用途	狩猎犬、伴侣犬
易患疾病	眼疾、肝炎、内分泌疾病
耐寒性	耐寒性中等

易驯养性： ★ ★

友好性： ★

判断力： ★ ★

适合初学者： ★

健康性： ★ ★ ★

社会性、协调性： ★ ★ ★

贝灵顿梗犬起源于 19 世纪初，因产于贝灵顿地区而得名，外表像一只小绵羊，却有一颗狮子般的心，最初用来猎取老鼠，它行动敏捷，目光敏锐，勇敢忠诚，耐力好，是非常优秀的猎手。该犬性情稳定，容易训练，温柔又文雅，是忠实的家庭伴侣。

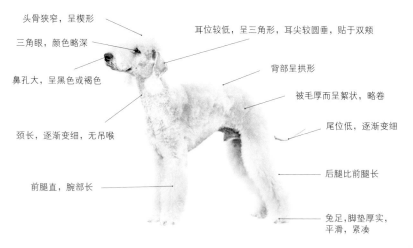

头骨狭窄，呈楔形

三角眼，颜色略深

鼻孔大，呈黑色或褐色

颈长，逐渐变细，无吊喉

前腿直，腕部长

耳位较低，呈三角形，耳尖较圆垂，贴于双颊

背部呈拱形

被毛厚而呈絮状，略卷

尾位低，逐渐变细

后腿比前腿长

兔足，脚垫厚实，平滑，紧凑

● **驯养注意事项** ●

　　贝灵顿梗犬不脱毛，适合喜欢干净的饲养者。身高脚长的贝灵顿梗犬具有美丽的外表和好斗的个性，它的速度、活力、耐力受到狩猎者的欢迎，它需要较大的运动量，以满足它的心理，否则可能对它是致命的。贝灵顿犬需要经常擦拭和洗澡，约 2 ~ 3 天一次。

腊肠犬

腊肠犬小名片

别称	獾狗
身高	13 ~ 23 厘米
体重	4 ~ 12 千克
原产地	德国
性格特点	活泼、勇敢、重感情
运动量	跑步速度 20 分钟 ×2 次 / 天
用途	玩赏犬、工作犬、伴侣犬
易患疾病	椎间盘突出
耐寒性	耐寒性中等

易驯养性：★ ★ ★

友好性：★ ★ ★ ★

判断力：★ ★ ★

适合初学者：★ ★ ★ ★ ★

健康性：★ ★ ★ ★

社会性、协调性：★ ★ ★

腊肠犬的显著特征是体长腿短，体长约为身高的两倍，很像一根大腊肠。腊肠犬含有古老猎血犬的血统，是唯一会抓老鼠的犬种，追踪猎物时具有强大的体力和耐力。腊肠犬个性非常活泼、自信，工作时骁勇善战，不屈不挠，对主人忠心，对外人充满戒备心；观察力、判断力和行动力强，经过反复训练可以成为比较完美的家庭犬。

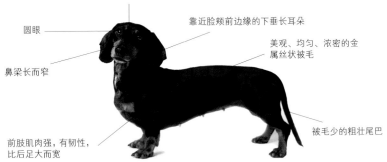

覆盖短被毛的长而尖细的头部

圆眼

靠近脸颊前边缘的下垂长耳朵

美观、均匀、浓密的金属丝状被毛

鼻梁长而窄

前肢肌肉强，有韧性，比后足大而宽

被毛少的粗壮尾巴

● 驯养注意事项 ●

根据被毛不同，腊肠犬可以分为短被毛、长被毛和硬刚被毛三种，其中长被毛腊肠犬需要每天梳理。腊肠犬非常可靠，是优秀的看门犬，可以适应城市和乡村的各种环境，但在城市中应避免让腊肠犬爬楼梯，否则会增加其患脊椎病的风险。腊肠犬需要充分的运动量和给予智力游戏训练以保持其开朗自信的性格。

诺福克梗犬

诺福克梗犬小名片

别称	罗福梗
身高	25 ~ 26 厘米
体重	5 ~ 6 千克
原产地	英国
性格特点	调皮、勇敢、精力旺盛
运动量	散步速度20分钟 ×2次/天
用途	猎犬、伴侣犬
易患疾病	尿路疾病、椎间盘突出
耐寒性	耐寒性中等

易驯养性： ★ ★ ★ ★

友好性： ★ ★ ★ ★

判断力： ★ ★ ★ ★

适合初学者： ★ ★ ★ ★

健康性： ★ ★ ★

社会性、协调性： ★ ★ ★ ★

诺福克梗犬起源于19世纪，英国的诺福克州。与近亲诺威奇梗的最大区别是下垂且向前弯曲的耳朵。主要用来捕捉狐狸和野兔，可单独行动，也可团队作战。它勇敢、行动迅速、善交际、有爱心、拥有优质的被毛和短腿，它被誉为田野上"最完美的恶棍"。

颅部宽阔，稍圆

V形柔软的垂耳

明亮的卵形深色眼睛，带着聪敏、热情的眼神

被毛中长，直，卷曲，粗乱，外层毛硬

健壮的楔形鼻口部

前腿短，强壮有力

后腿强壮、肌肉发达

足部小而圆，脚垫厚

● **驯养注意事项** ●

　　诺福克梗犬体型虽小，却超级健壮，拥有能抵御恶劣气候的刚被毛和柔软的底层被毛，为了保持清洁，应定期护理。它性格良好，脾气温和，能与其他犬友好相处，是很好的护卫犬。该犬好奇心强，会自己找东西玩耍，所以玩耍空间最好尽量大一些。

湖畔梗犬

湖畔梗犬是在英国北部培养出来的，主要用来在山上追逐狐狸至洞穴中，在农场中捕捉老鼠。它的体型窄而深，能顺利地钻进石洞，腿长又使它能适应崎岖的山路，整体上是精致的、结实的。它很警觉，时刻准备出发。该犬性格快乐、友好，没有太强的攻击性，是勇敢的看门犬和伴侣犬。

湖畔梗犬小名片

别称	佩特戴尔梗
身高	33～38厘米
体重	7～8千克
原产地	英国
性格特点	活泼、友好、自信
运动量	跑步速度30分钟×2次/天
用途	捕猎犬、伴侣犬
易患疾病	皮肤病、眼疾
耐寒性	耐寒性中等

易驯养性： ★★★
友好性： ★★★
判断力： ★★★
适合初学者： ★★★
健康性： ★★☆
社会性、协调性： ★★★

矩形头部

∨形折耳

眼偏小，呈卵形

高耸的高位尾巴

正方形的健壮身体

光滑、精致的长颈部

肌肉发达、笔直的前肢

双重被毛，外层刚硬

足爪圆、足趾紧凑而且结实

● 驯养注意事项 ●

湖畔梗犬作为原始的捕猎犬，现在依然保留着追赶一切移动物体的特点，对其他的犬只具有攻击性，应在早期进行社交训练。它拥有双层被毛，应经常梳理，被毛质地较脆，梳理时宜轻柔。它是非常忠诚的卷毛猎犬，适合有经验的养犬者饲养。

迷你雪纳瑞犬

迷你雪纳瑞犬小名片	
身高	30 ~ 39 厘米
体重	6 ~ 9 千克
原产地	德国
性格特点	友善、聪明、充满活力
运动量	散步速度20分钟 ×2 次 / 天
用途	玩赏犬、伴侣犬
易患疾病	尿路疾病、白内障
耐寒性	耐寒性中等
被毛颜色	椒盐色、黑银色和纯黑色

易驯养性： ★ ★ ★ ★

友好性： ★ ★ ★ ★

判断力： ★ ★ ★ ★ ★

适合初学者： ★ ★ ★ ★

健康性： ★ ★ ★

社会性、协调性 ★ ★

雪纳瑞在德语中是鼻口部的意思，迷你雪纳瑞犬即因独特的鼻口部而得名，拥有突出的黑鼻子和宽鼻孔，口吻与前额平行。该犬属于梗犬类，源于德国，是梗犬类中唯一一个不含英国血统的品种。其身体体长与身高大致相等，近似于正方形，头部轮廓成矩形，身体强健活泼，乐于取悦主人。

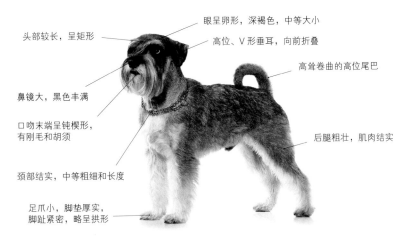

眼呈卵形，深褐色，中等大小

高位、V形垂耳，向前折叠

头部较长，呈矩形

高耸卷曲的高位尾巴

鼻镜大，黑色丰满

口吻末端呈钝楔形，有刚毛和胡须

后腿粗壮，肌肉结实

颈部结实，中等粗细和长度

足爪小，脚垫厚实，脚趾紧密，略呈拱形

● 驯养注意事项 ●

迷你雪纳瑞犬最初被用来捕捉老鼠，所以它不能与小型宠物和平相处。雪纳瑞犬机警、勇敢、服从命令，所以它可以是优秀的看门犬。它喜欢运动，所以每天应进行一定的户外运动，以保持其健康和快乐。被毛应每天梳理，春秋季应修剪被毛，以保持清洁和美观。

西部高地白梗犬

西部高地白梗犬起源于 19 世纪，是纯白色梗类，脸部长得像狐狸。最初用来捕猎狐狸、水獭和老鼠。其个性活泼、动作敏捷、勇敢好胜，人们常称它为万能梗，在户外是优秀的猎犬；在室内又非常忠实，且耐性极好，不辞辛苦。该犬昵称为西部宝贝，深受女士和儿童的青睐。

西部高地白梗犬小名片

别称	波多罗克梗
身高	25.5 ~ 28 厘米
体重	7 ~ 10 千克
原产地	英国
性格特点	开朗活泼、自尊心强、精力充沛
运动量	跑步速度 20 分钟 ×2 次 / 天
用途	猎犬、伴侣犬、家庭犬
易患疾病	皮肤病、心脏病、听力障碍
耐寒性	耐寒性中等

易驯养性：★ ★
友好性：★ ★ ★ ★
判断力：★ ★
适合初学者：★ ★ ★
健康性：★ ★ ★
社会性、协调性：★ ★ ★

小而尖的直立耳

杏仁眼，中等大小

胡萝卜形短尾

颈部肌肉发达

前腿较短，肌肉发达

双层被毛，呈纯白色

前足比后足大，肉垫厚

● 驯养注意事项 ●

西部高地白梗犬被毛僵硬，很少脱毛，只要常用刷子梳理就可以，易打理。该犬体型虽小，但虚荣心强，对其他犬只专横傲慢，所以早期宜开始社交培养，经过长期耐心的训练，能成为非常完美的家庭犬。

法国斗牛犬

法国斗牛犬的起源，一种说法是英国斗牛犬的后代，另一种说法是西班牙斗牛犬的后代，原产于法国，是体型较小，好奇心极强的玩具犬。该犬性格亲切，非常可爱。勇敢又敏捷，洞察力非常强，能理解人类的语言，像人类的好朋友一般会作出反应。

法国斗牛犬小名片

身高	25 ~ 35 厘米
体重	8 ~ 12.6 千克
原产地	法国
性格特点	敏感、敦厚、好奇心强
运动量	散步速度20分钟×2次/天
用途	伴侣犬、玩赏犬
易患疾病	口盖开裂、眼疾、皮肤病、
耐寒性	耐寒性较差
被毛颜色	浅黄褐色，带有白色、虎斑色和黑色斑纹

易驯养性： ★ ★ ★
友好性： ★ ★ ★ ★
判断力： ★ ★ ★
适合初学者： ★ ★ ★
健康性： ★ ★
社会性、协调性： ★ ★ ★ ★

头较大，呈正方形

耳根宽，末端圆，直立，大如蝙蝠翅膀状

杏仁眼，色暗，微突

被毛短、平滑、柔软、有光泽

口吻宽深宽且短

颈部厚实，稍短，喉部皮肤松弛，有少许褶皱

后肢强壮，肌肉丰满，比前肢长

胸腹宽且发达

小而圆的猫形足

● 驯养注意事项 ●

法国斗牛犬非常敏感，稍微训斥就会伤心不已，还会独自反省，所以做错事后不需要过度惩罚。该犬不需要太大的活动量，剧烈活动会使短鼻部的它呼吸困难。另外，它的被毛打理起来也很简单，非常适合作为家庭宠物饲养。

斯凯梗犬

斯凯梗犬小名片

别称	史凯梗、斯凯岛梗
身高	24 ~ 26 厘米
体重	8.5 ~ 10.5 千克
原产地	英国
性格特点	聪明、自负、忠诚
运动量	散步速度30分钟×2次/天
用途	狩猎犬、伴侣犬
易患疾病	消化系统疾病、皮肤病
耐寒性	耐寒性中等

易驯养性： ★ ★ ★ ★
友好性： ★ ★ ★
判断力： ★ ★ ★ ★ ★
适合初学者： ★ ★ ★
健康性： ★ ★ ★ ★
社会性、协调性： ★ ★ ★ ★

斯凯梗犬起源于17世纪，是在苏格兰小岛斯凯岛上培育的。典型特征是又矮又长，体长是身高的两倍。最初被用来猎取水獭、狐狸和獾。它敏锐的嗅觉能帮助它找到猎物，短而健壮的腿很适合挖掘，健壮的身体能帮助它们捕获猎物。无论岩石、洞穴、丛林、水域都表现得很优秀。

带有长饰毛的竖耳

深棕褐色的圆眼睛

口吻结实，中度丰满，为深色

覆盖浓密被毛的强壮身躯

细长的鼻梁、黑色的鼻镜

颈部长，呈拱形

饰毛丰富的长尾巴

兔足，脚垫厚实，趾甲结实呈黑色

● 驯养注意事项 ●

斯凯梗犬动作优雅、气质高贵，被毛丰盛，身体强壮，是典型的工作犬。它的长被毛需要几年才能长齐，需要每周花时间梳理，以免打结。该犬喜欢游戏和户外活动，应定时带它出去散步。该犬和熟悉的人在一起时很放松，面对陌生人时比较警惕。

博洛尼亚犬

博洛尼亚犬小名片

别称	博洛尼亚比熊犬
身高	25 ~ 31 厘米
体重	3 ~ 4 千克
原产地	意大利
性格特点	憨厚、依赖性强、友好
运动量	散步速度 10 分钟 ×2 次 / 天
用途	玩赏犬、伴侣犬
易患疾病	关节炎
耐寒性	耐寒性较差

易驯养性：★★★
友好性：★★★★
判断力：★★★
适合初学者：★★★★
健康性：★★★★
社会性、协调性：★★★

博洛尼亚犬因原产自意大利的博洛尼亚地区而得名，是欧洲宫廷受欢迎的古老犬种，是英国女王的爱犬，曾是时尚的社交礼物。该犬性格稳重、友善，头脑聪慧，忠诚于主人，为了主人不惜牺牲自己的生命，是品质优秀的犬种，但是近年来比较少见。

头部较圆
圆眼呈深棕褐色
耸立在背上的高位尾巴
鼻镜大，深褐色且丰满
被毛柔软，纯白如丝
颈部较短
健壮的四肢
后腿比前腿长

• 驯养注意事项 •

博洛尼亚犬能适应炎热的天气，但耐寒性较差，寒冬外出时要注意给它保暖。该犬白色的被毛需要常梳理和修剪，最好每天梳理一次。它对运动的要求不高，每天短距离散步就可以满足。

拉萨阿普索犬

拉萨阿普索犬是由藏名翻译而来,意思是"长毛吠叫犬",因其爱叫,看到不熟悉的东西或听到不熟悉的声音就会狂叫,因此而得名。该犬起源于古代僧人伴侣犬,在达赖喇嘛的宫殿很常见。现在用于伴侣犬。该犬适合小朋友,适合在城市饲养,适合高温天气,易于与别的犬相处。

拉萨阿普索犬小名片

别称	拉萨狮子狗、阿普索森凯犬
身高	25～28厘米
体重	6～7千克
原产地	中国西藏地区
性格特点	调皮、依赖性强、重感情
运动量	散步速度20分钟×2次/天
用途	伴侣犬
易患疾病	皮肤病、过敏
耐寒性	耐寒性中等

易驯养性：★★
友好性：★★
判断力：★★
适合初学者：★★★★
健康性：★★★
社会性、协调性：★★

耳部的长被毛与头顶被毛合二为一

黑色的鼻头

胸部被毛为纯白色

被毛遮挡了深棕色的圆眼睛

耸立在背上的高位尾巴

覆盖在身上的又厚又直的被毛

健壮的后腿,较前腿长

● 驯养注意事项 ●

据说拉萨阿普索犬能带来好运。该犬的长被毛较易粘连、打结,所以需有规律地每天梳理一次,如护理不当,会导致粘毛,甚至只能全部剔除。该犬适合市内饲养,是优秀的看门犬,但要注意皮肤、眼睛和肾脏等疾病问题。

猎兔犬

猎兔犬起源于 13 世纪，是英国贵族狩猎时驱赶猎物的小猎犬。在美国最受欢迎犬类之中位列第五，是世界名犬之一。它活泼好动，性格开朗，外型可爱，善解人意，对主人极富感情，且不怕生，非常喜欢与人亲近。猎兔犬体能旺盛，会因过于好动而不受主人管制。

猎兔犬 小名片	
身高	33 ~ 41 厘米
体重	8 ~ 14 千克
原产地	英国
祖先	小猎犬
性格特点	活泼、勇敢、反应快、憨厚
运动量	散步速度 30 分钟 ×2 次 / 天
用途	伴侣犬、实验用犬
易患疾病	心脏病、体臭、腰椎间盘突出、隐睾症
耐寒性	耐寒性较强

易驯养性：★ ★ ★
友好性：★ ★ ★ ★
判断力：★ ★
适合初学者：★ ★ ★ ★ ★
健康性：★ ★ ★ ★ ★
社会性、协调性：★ ★ ★ ★ ★

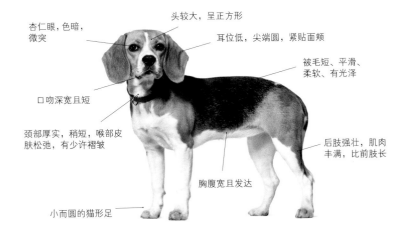

杏仁眼，色暗，微突

头较大，呈正方形

耳位低，尖端圆，紧贴面颊

被毛短、平滑、柔软、有光泽

口吻深宽且短

颈部厚实，稍短，喉部皮肤松弛，有少许褶皱

后肢强壮，肌肉丰满，比前肢长

胸腹宽且发达

小而圆的猫形足

● 驯养注意事项 ●

猎兔犬是大胃王，会吃到肚子发胀才肯停下来。因此要管控它的食量，避免血管疾病。该犬活泼好动，对世界充满好奇，一不留神家中的家居物品就会遭殃，需要主人管控。猎兔犬属于短毛犬，梳理时可将被毛向两边分开，用梳子向下梳每边的毛发。

杰克罗素梗犬

1819 年，英国人杰克罗素培育出该犬的祖先，故此犬取名杰克罗素梗犬，当时用于狩猎狐狸。后又进行了改良。该犬分为粗毛种和平毛种，粗毛种被毛粗而长，平毛种被毛短而平。该犬身材娇小、动作敏捷、精力旺盛、对人忠诚、勇敢而有谋略，是优秀的看门犬。

杰克罗素梗犬小名片

别称	杰克罗塞尔梗犬、杰克拉西尔梗
身高	25 ~ 38 厘米
体重	5.9 ~ 7.7 千克
原产地	英国
性格特点	活泼、开朗、勇敢、忠诚
运动量	跑步速度 30 分钟 ×2 次 / 天
用途	狩猎犬、守门犬、伴侣犬
易患疾病	神经系统疾病、皮肤病
耐寒性	耐寒性中等

易驯养性：★ ★ ★ ★

友好性：★ ★ ★

判断力：★ ★ ★ ★

适合初学者：★ ★ ★

健康性：★ ★ ★ ★

社会性、协调性：★ ★ ★

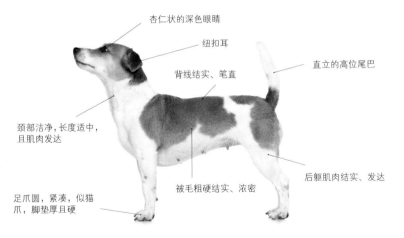

杏仁状的深色眼睛

纽扣耳

背线结实、笔直

直立的高位尾巴

颈部洁净，长度适中，且肌肉发达

后躯肌肉结实、发达

足爪圆，紧凑，似猫爪，脚垫厚且硬

被毛粗硬结实、浓密

● 驯养注意事项 ●

杰克罗素梗犬喜欢运动，一方面有助于保持它的完美体型，另一方面缺乏运动会使该犬性格焦躁不安。该犬对家人非常忠诚，危险时刻能舍身救主人。犬毛容易脏，宜经常梳理，一般夏季一周洗一次澡，冬季两周一次即可，洗后用电吹风吹干，以防感冒。

苏格兰梗犬

苏格兰梗犬小名片	
别称	亚伯丁梗
身高	25 ~ 28 厘米
体重	8 ~ 10 千克
原产地	英国
性格特点	聪明活泼、自尊心强、顽固
运动量	散步速度 20 分钟 ×2 次 / 天
用途	捕猎犬、伴侣犬
易患疾病	过敏、痉挛
耐寒性	耐寒性中等

易驯养性：★ ★
友好性：★ ★
判断力：★ ★
适合初学者：★ ★ ★
健康性：★ ★ ★ ★
社会性、协调性：★ ★ ★

苏格兰梗是最原始的纯种高地梗，是其他高地梗的祖先，最初被用来捕杀有害动物。该犬性格活泼、自信，同时也非常顽固，与其他犬类较难相处，与人类相处较温和。如果主人的命令与它的判断不同，它一般不会听从主人的命令，如遇到它喜欢的主人，会非常顺从。

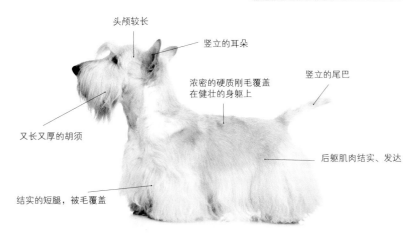

头颅较长

竖立的耳朵

浓密的硬质刚毛覆盖在健壮的身躯上

竖立的尾巴

又长又厚的胡须

后躯肌肉结实、发达

结实的短腿，被毛覆盖

• 驯养注意事项 •

　　苏格兰梗的被毛为刚毛，浓密而质地硬，能抵御恶劣的气候，每天都要梳理被毛，用毛刷、弹性钢丝刷和长而疏的金属梳。春秋季为它修剪过长的被毛，使其匀称而优美。此犬友爱、忠诚、警惕性高，是很好的家庭伴侣犬。

日本狆犬

日本狆犬的祖先是中国犬，由朝鲜皇室送给日本宫廷。19世纪时传到美国和英国，目前分布较广。日本狆犬性格活泼机警、坚韧、警惕性强，对主人忠心耿耿，是一种非常漂亮且有趣的家庭犬。体型虽小，但体质健壮，举止端庄、神态高傲，一副贵族仪表，非常受皇家及将军们的喜爱。

日本狆犬小名片

别称	日本狆
身高	23～25厘米
体重	2～3千克
原产地	日本
祖先	中国的拉萨猎鸟犬
性格特点	聪明活泼、警惕性强
运动量	散步速度10分钟×1次/天
用途	玩赏犬、伴侣犬
易患疾病	皮肤病、眼疾、关节脱臼
耐寒性	耐寒性较差

易驯养性： ★ ★

友好性： ★ ★ ★ ★

判断力： ★ ★ ★ ★

适合初学者： ★ ★ ★ ★

健康性： ★ ★ ★ ★

社会性、协调性： ★ ★ ★ ★

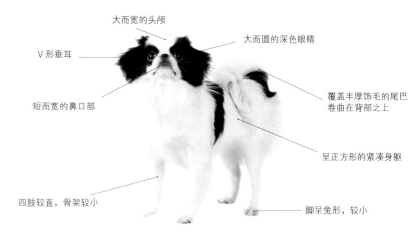

大而宽的头颅

Ｖ形垂耳

短而宽的鼻口部

四肢较直，骨架较小

大而圆的深色眼睛

覆盖丰厚饰毛的尾巴卷曲在背部之上

呈正方形的紧凑身躯

脚呈兔形，较小

● **驯养注意事项** ●

日本狆犬属于长毛犬种，最好每天梳理擦洗被毛，使之不扭结，外观则更漂亮。此犬平时较安静、沉稳，既不吵闹，也不过分烦躁。且很少脱毛，没有体臭，运动量也比较小，非常适合城市饲养。但它不喜欢潮湿、闷热，夏天要给它提供一个舒适的室内温度。

威尔士梗犬

威尔士梗犬小名片	
身高	36 ~ 39 厘米
体重	9 ~ 10 千克
原产地	英国
祖先	英国威尔士老式黑褐梗犬
性格特点	热情、警惕性强、顺从
运动量	快跑速度30分钟×2次/天
用途	狩猎犬、伴侣犬
易患疾病	关节炎、皮肤病
耐寒性	耐寒性中等

易驯养性：★★★

友好性：★★

判断力：★★★

适合初学者：★★★

健康性：★★★

社会性、协调性：★★★

威尔士梗犬起源于19世纪，因产于英国威尔士地区而得名，最初被用来狩猎和追赶狐狸、猪、灌等动物，还被用来参加展示赛。威尔士梗犬性格机灵、勇敢、警惕性强、表情坚定而自信，步态轻松、后驱驱动力强大，有爆发力，是很好的家庭犬。

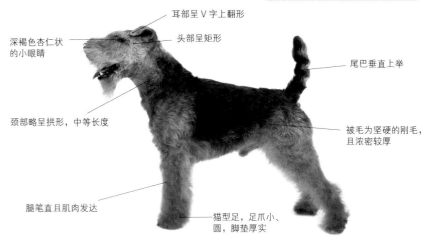

耳部呈V字上翻形

深褐色杏仁状的小眼睛

头部呈矩形

尾巴垂直上举

颈部略呈拱形，中等长度

被毛为坚硬的刚毛，且浓密较厚

腿笔直且肌肉发达

猫型足，足爪小、圆，脚垫厚实

• 驯养注意事项 •

威尔士梗犬有双层被毛，底层被毛柔软，上层被毛浓密、厚实、坚硬，应经常梳理。该犬需要一定的运动量，如长期将其关在家内，会让它在精神上变得郁郁寡欢，甚至影响食欲。威尔士梗犬的胃口较小，不要喂食过多的食物或肉类，以免引起厌食情绪。

巴辛吉犬

巴辛吉犬小名片

别称	巴仙吉犬、刚果犬
身高	40 ~ 43 厘米
体重	10 ~ 11 千克
原产地	扎伊尔
性格特点	安静、勇敢、机敏、聪明
运动量	散步速度 40 分钟 ×2 次/天
用途	守门犬、伴侣犬
易患疾病	皮肤病、眼炎
耐寒性	耐寒性较强

易驯养性：★ ★ ★

友好性：★ ★ ★

判断力：★ ★ ★

适合初学者：★ ★ ★ ★

健康性：★ ★ ★

社会性、协调性：★ ★ ★

　　巴辛吉犬属于狩猎犬，起源于非洲，是最古老的品种之一，利用其视觉和嗅觉来抓捕猎物。该犬体型小巧，身体各部分光滑整洁，头高昂地仰着，形态美丽，给人一种文雅和优美的气质，在日常生活中是很常见的看门狗。该犬极少吠叫，且叫声奇特，会发出真假嗓音交替唱歌似的歌声。

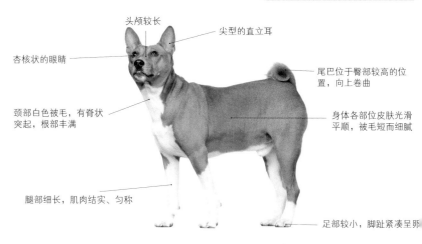

头颅较长

尖型的直立耳

杏核状的眼睛

尾巴位于臀部较高的位置，向上卷曲

颈部白色被毛，有脊状突起，根部丰满

身体各部位皮肤光滑平顺，被毛短而细腻

腿部细长，肌肉结实、匀称

足部较小，脚趾紧凑呈卵

● 驯养注意事项 ●

　　巴辛吉犬有着易胖体质，需每天运动来维持健康。该犬头、颈部多褶皱，易藏细菌，应注意经常梳理，保持日常清洁。犬舍应选在家中干燥、遮风的地方，并要经常打扫和消毒，但不宜过度干燥，否则会损伤鼻黏膜和咽喉，建议房间内要常保持空气新鲜。

拉布拉多贵宾犬

拉布拉多贵宾犬是拉布拉多寻猎犬和贵宾犬的杂交后代。该犬不仅学习能力强，而且十分善解人意，它常被国外的疗养机构用作抚慰病人的疗养犬，也被用作导盲犬。另外，它非常可爱，性格很顺从，既不会特别拘束，也不会很严肃，非常讨人喜欢。

拉布拉多贵宾犬小名片

身高	36～61厘米
体重	7～29千克
原产地	澳大利亚
祖先	拉布拉多寻猎犬、贵宾犬
性格特点	性格顺从、头脑聪明、可靠
运动量	散步速度60分钟×2次/天
用途	导盲犬、疗养犬
易患疾病	眼疾
耐寒性	耐寒性适中

易驯养性：★★★★★
友好性：★★★★★
判断力：★★★★
适合初学者：★★★★
健康性：★★★
社会性、协调性：★★★★★

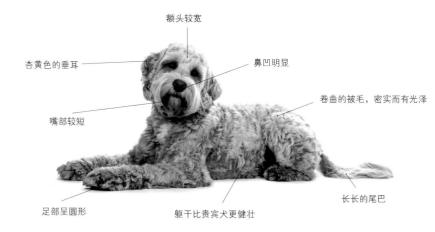

额头较宽

杏黄色的垂耳

鼻凹明显

嘴部较短

卷曲的被毛，密实而有光泽

足部呈圆形

躯干比贵宾犬更健壮

长长的尾巴

• 驯养注意事项 •

拉布拉多贵宾犬非常适合敏感体质的主人饲养，因它不脱毛，也无异味，不易引起过敏，打理起来也非常简单，是理想的生活伴侣。它活泼、友好，容易训练，易于和儿童及其他家人相处。但此犬性格太温和，不适合看门。

北京犬

北京犬小名片

别称	京巴犬、狮子犬、宫廷狮子狗
身高	20 ~ 23 厘米
体重	3.2 ~ 5.4 千克
原产地	中国
性格特点	自负、依赖性很强
运动量	散步速度 10 分钟 ×2 次 / 天
用途	玩赏犬、伴侣犬
易患疾病	眼疾、心脏病、尿道疾病
耐寒性	耐寒性中等

易驯养性： ★ ★ ★

友好性： ★ ★ ★ ★

判断力： ★ ★ ★

适合初学者： ★ ★ ★

健康性： ★ ★ ★

社会性、协调性： ★ ★ ★

北京犬距今已有四千年历史，是从秦始皇时代开始只允许皇族饲养的古老犬种。该犬在古代宫廷中被认为能降妖除魔，所以深受中国皇室喜爱，守门神"麒麟"就是它的化身。后因战争流落民间。北京犬气质高贵、聪敏、倔强、富有个性，已成为中国最普及的陪伴观赏宠物之一。

头骨宽阔

耳朵呈心形下垂，位置与头骨平行，被饰毛遮盖

眼睛大而圆、明亮有光泽

尾巴位于臀部较高的位置，向上卷曲

鼻部较短且宽，有黑斑，鼻孔大

身体各部位皮肤光平顺，被毛短而细

前腿短、粗、骨骼结实

足部大而平

● **驯养注意事项** ●

北京犬属于阔面扁鼻犬，容易缺氧，所以害怕高温潮湿的夏天，应注意温度的控制。该犬易掉毛，宜每天进行梳理。此犬眼球大，易感染而发生角膜炎，可以用硼酸水隔天洗一次。北京犬性格倔强，以自我为中心，这会导致它不易训练，让它服服帖帖很困难。但它对主人非常忠诚。它依赖性很强，喜欢黏人，最好每天定时进行户外运动。

西藏猎犬

西藏猎犬小名片

别称	西藏獚、宫廷犬、祷告犬
身高	24 ~ 28 厘米
体重	4 ~ 7 千克
原产地	中国
性格特点	聪明、自信、忠诚
运动量	散步速度 10 分钟 ×2 次 / 天
用途	伴侣犬、家犬、宠物犬
易患疾病	皮肤病、眼疾
耐寒性	耐寒性中等

易驯养性： ★ ★

友好性： ★ ★ ★

判断力： ★ ★

适合初学者： ★ ★ ★

健康性： ★ ★ ★

社会性、协调性： ★ ★

西藏猎犬原产于喜马拉雅山脉的西藏，被称为"袖狗"，后来从西藏传入宫廷，也被称为宫廷犬。虽然被称为猎犬，但不作为打猎用途，曾帮助僧侣转动传经桶，作为僧侣的伴侣犬。此犬性格自信、活泼、欢快，独立性、警惕性很强，是非常好的伴侣犬。目前纯种十分少见，亟待拯救。

深褐色卵形眼睛

羽状饰毛的下垂高位耳朵

鼻镜呈黑色

有丰富饰毛的高位尾巴

下颌略微突出

颈部较短

平滑的双层丝质被毛

后腿较长，腿长

小巧整洁的兔足

● **驯养注意事项** ●

西藏猎犬容易吠叫，所以要从小训练，使之听到命令后立即停止吠叫。它的被毛为双层丝质毛，宜常常梳理，以防止缠绕打结。西藏猎犬对脂肪和蛋白质消化吸收能力较强，但因咀嚼不充分和肠管短，不具发酵能力，所以粗纤维的食物不宜喂食，应尽量喂食切碎、煮熟的食物。

布鲁塞尔格里芬犬

布鲁塞尔格里芬犬小名片	
身高	18 ~ 20 厘米
体重	2.5 ~ 5.5 千克
原产地	比利时
被毛颜色	黑色和棕黄色
性格特点	调皮、勇敢、慈厚、顽固
运动量	散步速度 20 分钟 ×2 次 / 天
用途	玩赏犬、伴侣犬
易患疾病	呼吸系统疾病
耐寒性	耐寒性中等

布鲁塞尔格里芬犬的面部像钟馗，有唇髭。该犬有德国猴面宾莎犬的血统，是比利时历代皇室喜爱的宠物。它被用来捕捉老鼠，因此也深受老百姓的喜爱。该犬性格聪明、机警、自信、适应性强，又喜欢被主人宠爱，血统名贵的布鲁塞尔格里芬犬价格比较昂贵，有的达上万元。

易驯养性：★ ★ ★
友好性：★ ★ ★ ★ ★
判断力：★ ★ ★
适合初学者：★ ★ ★ ★
健康性：★ ★ ★ ★
社会性、协调性：★ ★ ★ ★

大而圆的头部

半立耳，呈倒三角形

鼻子部较短

尾部高，且高高竖起

带有唇髭的颏部

棕黄色刚被毛

前腿短、粗、骨骼结实

正方形的健壮身躯

足爪圆弯，呈猫

● 驯养注意事项

布鲁塞尔格里芬犬对运动的要求不高，不需要太大的运动量。该犬分为光滑被毛型和粗被毛型品种，其中粗被毛型需要经常用刷子梳理被毛，适当修剪。此犬外表安静，看上去很欢快。

巴哥犬

巴哥犬的名字从拉丁语演变而来，意思是"锤头""小丑""狮子鼻""小猴子"。巴哥犬性格体贴随和、活泼可爱、气质迷人，走起路来像拳击手，严肃的外表下掩藏着欢快的个性，喜欢和小孩子一起玩耍，是忠实的伴侣犬，广受养犬者的欢迎。

眼睛大而圆

向前折叠的软又薄的纽扣耳

黑色鼻子；方形口吻；鼻口部很短

紧紧卷曲于臀部之上的高位尾巴

口吻较短；略宽，但不上翘

平滑、精细、柔软的浅黄褐色被毛

颈部略拱形，较粗壮

后腿粗壮、结实，肉发达

脚趾适当分开，趾甲为黑色

足部大而平

• 驯养注意事项 •

巴哥犬对运动的要求不高，每天早晚出去散步即可，因为呼吸道非常短，进行剧烈运动时会因呼吸紧促而缺氧，所以不能做剧烈运动，同时炎热的夏天会出现呼吸困难情况，最好在阴凉处喂养。该犬不需要经常梳理被毛，但因头上皱褶较多，容易藏污纳垢，所以应重视清洁工作，夏天每周应清洁两三次。

中国冠毛犬

中国冠毛犬小名片

别称	中国无毛犬、半毛犬
身高	28～33 厘米
体重	5.5 千克左右
原产地	中国
性格特点	胆小、羞怯、温顺
运动量	散步速度 20 分钟 ×2 次 / 天
用途	家庭犬、玩赏犬
易患疾病	心脏病、皮肤病
耐寒性	耐寒性较差

易驯养性：★★★

友好性：★★★

判断力：★★★

适合初学者：★★

健康性：★★

社会性、协调性：★★★★

中国冠毛犬头顶有冠毛，像中国古代官员的帽子，因此得名，是世界上仅有的无毛犬种之一。它个头不大，有两种变种，一种是粉扑变种，全身覆盖长毛；另一种全身无毛，只有头部和脚部长毛。该犬繁殖不易，成活率较低，数量略为稀少，所以不是十分常见。该犬喜欢与人亲近，不咬人，少吠叫，适合陪伴孩子一起成长。

头略成拱形

耳大且竖立

眼睛大而圆

口吻呈锥形

全身无毛

胸部线条顺畅

前肢细长且直

尾巴细长，走动时会卷曲

脚窄且细长，呈兔形

• 驯养注意事项 •

中国冠毛犬由于毛量较少很少掉毛，不需要经常梳理。它很贪吃且对食物质量要求较高，在控制食物数量的同时，也要注意荤素要合理搭配。它的牙齿发育不全，不适合啃咬骨头。该犬不需要有过大的运动量，室内散步足够。由于其体表无毛，对羊毛易产生过敏症状，饲养者与它接近时建议不要穿羊毛制品。

曼彻斯特梗犬

曼彻斯特梗犬小名片

身高	35 ~ 41 厘米
体重	5 ~ 10 千克
原产地	英国
祖先	黑褐梗和惠比特犬
性格特点	勇敢、活泼、冷静
运动量	跑步速度30分钟×2次/天
用途	伴侣犬、家庭犬
易患疾病	关节炎、皮肤病
耐寒性	耐寒性较差

易驯养性：★ ★ ★ ★
友好性：★ ★ ★ ★
判断力：★ ★ ★ ★
适合初学者：★ ★ ★
健康性：★ ★ ★ ★
社会性、协调性：★ ★ ★ ★

　　曼彻斯特梗犬是为了猎兔捕鼠而产生的犬种，靠视觉狩猎，故而造成了它动作敏捷、聪明机警的性格。在 19 世纪末的捕鼠比赛中，该犬曾在七分钟左右成功杀死 100 只老鼠。它对主人忠心且寿命很长，一辈子只承认一个主人。在经历了精心配种之后，改良了其急躁狂野的性格，将原有的机敏和活泼保留了下来。

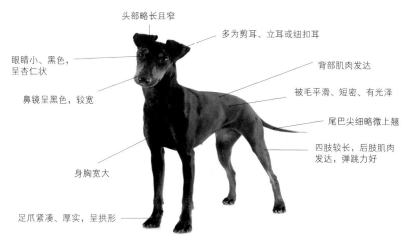

头部略长且窄

多为剪耳、立耳或纽扣耳

眼睛小、黑色，呈杏仁状

背部肌肉发达

鼻镜呈黑色，较宽

被毛平滑、短密、有光泽

尾巴尖细略微上翘

四肢较长，后肢肌肉发达，弹跳力好

身胸宽大

足爪紧凑、厚实，呈拱形

●驯养注意事项●

　　曼彻斯特梗犬平时除正常喂养外，还应给它一些额外奖励，这样会使它和饲养者更加亲密。它很喜欢室外活动，每天可带它到室外自由跑跳1~2小时。因被毛短，不需每天梳理，天暖热时可隔天梳理一次。曼彻斯特梗十分怕热，建议犬舍选在较为通风的场所。

墨西哥无毛犬

墨西哥无毛犬小名片	
别称	佐罗兹英特利犬
身高	30 ~ 38 厘米
体重	6 ~ 10 千克
原产地	墨西哥
性格特点	活泼、欢快、友善
运动量	跑步速度30分钟×2次/天
用途	玩赏犬
易患疾病	皮肤病、关节炎
耐寒性	耐寒性较差

易驯养性：★★★

友好性：★★★

判断力：★★★

适合初学者：★★

健康性：★★

社会性、协调性：★★★★

墨西哥无毛犬起源于16世纪。因其无毛的外表，褶皱的皮肤、布满雀斑的身体不受人们喜爱，故而古代的阿兹特克人将其作为了祭祀时牺牲的祭品。由于他的体温较高、会流汗，曾作为暖床狗帮助人们温暖身体，现如今部分人用它来温暖有关节炎的患者。他的外型像视觉猎犬，但却拥有猎狐犬的机灵、活泼和温驯。

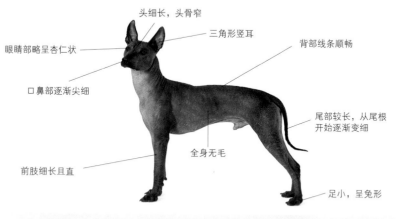

头细长，头骨窄

三角形竖耳

背部线条顺畅

眼睛部略呈杏仁状

口鼻部逐渐尖细

尾部较长，从尾根开始逐渐变细

全身无毛

前肢细长且直

足小，呈兔形

• 驯养注意事项 •

由于墨西哥无毛犬无毛，不会掉毛，清洁较为方便，但皮肤要经常保持湿润。夏天的时候要给它涂些防晒霜，避免晒伤；冬天外出时要给它穿外套，避免冻伤。饲养者需特别注意它会不会对部分纺织品过敏。该犬性格温和友善，不需要太多运动，能够和其他动物和谐相处，但对它也要从小进行社会化训练。

中型犬

中型犬是指犬成年时体重在 11 ~ 30 千克，身高在 41 ~ 60 厘米的犬种。这种犬数量最多，分布最广，对人类的作用最大。它们通常性格活泼，勇猛顽强，通常用作狩猎用途。现在城市中多数被当做伴侣，带它们爬山玩水，逛公园，去长途旅行，它们的体力、耐力都很棒，能帮助人们体验到生活的乐趣。

斯塔福德牛头梗犬

斯塔福德牛头梗犬小名片

身高	36 ~ 41 厘米
体重	11 ~ 17 千克
原产地	英国
祖先	斯塔福德斗牛犬和梗犬
性格特点	聪明、坚韧、顺从
运动量	跑步速度30分钟×2次/天
用途	斗犬、家庭犬
易患疾病	白内障、口盖开裂
耐寒性	耐寒性较差

易驯养性： ★ ★
友好性： ★ ★ ★
判断力： ★ ★ ★
适合初学者： ★ ★
健康性： ★ ★
社会性、协调性： ★ ★

在18世纪，斯塔福德牛头梗犬是为斗狗而专门培育的品种，后经过美国研究员的多次改良，现在凶狠善斗的本性已经被淡化，1975年斯塔福德牛头梗被登记承认。它的外形强壮、聪明勇敢、对主人极度忠诚，且天生对小孩有不一样的情感与信赖，非常适合作为孩子的成长伙伴。

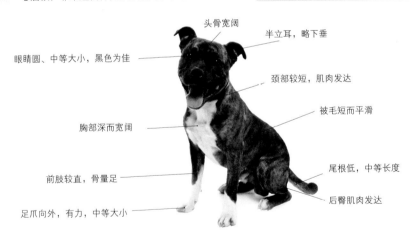

头骨宽阔

半立耳，略下垂

眼睛圆、中等大小，黑色为佳

颈部较短，肌肉发达

被毛短而平滑

胸部深而宽阔

尾根低，中等长度

前肢较直，骨量足

后臀肌肉发达

足爪向外，有力、中等大小

● **驯养注意事项** ●

　　斯塔福德牛头梗犬的被毛短而平滑、紧贴皮肤，不需要时常剃毛或修剪。建议每天给它使用保湿摩丝，保持被毛水分，避免毛发干枯，防止日晒损伤，还能有效防止被毛褪色。斯塔福德牛头梗犬喜爱室外活动，建议饲养者每天带它出去散步。

迷你斗牛梗犬

迷你斗牛梗犬小名片	
身高	25 ~ 35 厘米
体重	11 ~ 15 千克
原产地	英国
性格特点	调皮、勇敢、自负
运动量	跑步速度 30 分钟 ×2 次 / 天
用途	猎犬、伴侣犬、家庭犬
易患疾病	皮肤病
耐寒性	耐寒性中等
被毛颜色	各种颜色

易驯养性：★ ★ ★ ★

友好性：★

判断力：★ ★ ★

适合初学者：★ ★

健康性：★ ★ ★

社会性、协调性：★ ★ ★ ★

迷你斗牛梗犬是由斗牛梗犬中体型较小的个体交配得来的新犬种，被用来捕捉老鼠，猎鼠时会异常残忍。20 世纪几乎灭绝，后得以恢复，但仍少见。迷你斗牛梗犬性格活泼、精力旺盛且脾气温顺，待小孩和善友好且易服从命令。但因争斗心强烈，会经常伤害其他犬类，需早期训练和社交培养，以形成良好的习惯，成为理想的家庭宠物。

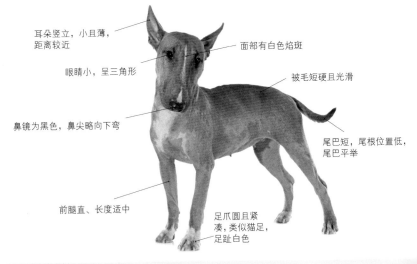

耳朵竖立，小且薄，距离较近

面部有白色焰斑

眼睛小，呈三角形

被毛短硬且光滑

鼻镜为黑色，鼻尖略向下弯

尾巴短，尾根位置低，尾巴平举

前腿直、长度适中

足爪圆且紧凑，类似猫足，足趾白色

• 驯养注意事项 •

迷你斗牛梗犬虽然体型小，但非常活泼，需要充足的运动量，每天早晚至少各半个小时的快跑。该犬被毛短而光滑，容易打理，一周两至三次即可。

萨摩耶犬

萨摩耶犬小名片	
别称	萨摩
身高	48 ~ 60 厘米
体重	19 ~ 30 千克
原产地	俄罗斯
性格特点	黏人、温顺、憨厚
运动量	散步速度 60 分钟 ×2 次 / 天
用途	伴侣犬、家庭犬
易患疾病	关节炎
耐寒性	耐寒性中等

易驯养性：★★★
友好性：★★★★
判断力：★★★
适合初学者：★★★
健康性：★★★★
社会性、协调性：★★

为了在严寒地区拉动雪橇和帮助狩猎野禽，萨摩耶犬由此诞生。它是萨摩耶德人培育，也因此而得名。19 世纪末，此犬进入欧洲、美国和英国等地，因其雪白的毛色、乖巧可爱的外表深受人们喜爱。20 世纪初北极探险中，用它聪明警惕的性格为探险者多次提供帮助。它有着美丽、高贵的外表，但同时也有着"魔鬼内心"的称号。

耳朵较厚且直立，呈三角形，尖端略圆

鼻镜颜色有黑色、褐色、棕色，会随年龄和气候改变

眼睛凹陷呈杏仁形

嘴角上翘

尾部被毛长而厚，位高，较长

被毛雪白、厚密

四肢短而健壮

足部大而长，趾稍分开，趾尖呈拱形，肉垫厚而硬

● 驯养注意事项 ●

　　萨摩耶犬没有逻辑思维能力，只能通过重复不断的记忆来进行学习。在训练时，要有耐心地帮它建立日常行为习惯，耐心地调教呵护它，不能过于急躁。它害怕孤独，饲养者可在日常生活中多与它接触玩耍。该犬毛发略长，每天早晚各梳毛一次最佳。

凯利蓝梗犬

凯利蓝梗犬小名片	
别称	爱尔兰梗、爱尔兰国犬
身高	44 ~ 50 厘米
体重	15 ~ 30 千克
原产地	爱尔兰
性格特点	聪明、温和、顺从
运动量	跑步速度 60 分钟 ×2 次 / 天
用途	警犬、护卫犬
易患疾病	螨虫病、眼疾、肿瘤
耐寒性	耐寒性较强

易驯养性：★ ★ ★
友好性：★
判断力：★ ★ ★ ★
适合初学者：★ ★
健康性：★ ★
社会性、协调性：★ ★

在 18 世纪，凯利蓝梗犬就有着易于驯服，任劳任怨的品格。主要用于寻回猎物，捕获野禽，同时也能放牧家禽，一般看家犬的能力难以超越它。如果每天给它专门的食物和指定的训练，年老时它依然会尽忠职守，对主人忠心耿耿。该犬警惕性很高，对陌生人有很强的防范意识。凯利蓝梗犬是爱尔兰的国犬。

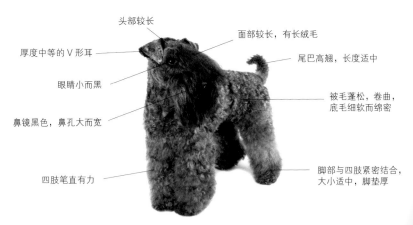

头部较长
面部较长，有长绒毛
厚度中等的 V 形耳
尾巴高翘，长度适中
眼睛小而黑
被毛蓬松，卷曲，底毛细软而绵密
鼻镜黑色，鼻孔大而宽
四肢笔直有力
脚部与四肢紧密结合，大小适中，脚垫厚

●驯养注意事项●

凯利蓝梗犬的被毛浓密，建议用毛刷、弹性钢丝刷交替使用，早晚各梳毛一次，每次五分钟即可。该犬喜爱运动且性格活泼顽皮，日常运动量大，需要大量有营养成分的食物来补充能量，切忌不能喂它人类的食物。

柴犬

柴犬是体型最小的日本狩猎犬，拥有灵敏的感官，敏锐的洞察力和警觉性，是主人看家护院的好能手。因该犬能应对山脉的斜坡和陡峭的丘陵，故而成为优秀的狩猎犬。它性格活泼、勇敢好动，会对陌生人有所保留，忠诚而挚爱它的主人。有时会攻击其他狗，面对大型同类，绝不服输。

柴犬小名片

别称	日本柴
身高	37 ~ 40 厘米
体重	7 ~ 11 千克
原产地	日本
性格特点	活泼、忠实、警惕性强
运动量	散步速度30 分钟 ×2 次 / 天
用途	家庭犬、工作犬、伴侣犬
易患疾病	皮肤病
耐寒性	耐寒性中等

易驯养性：★ ★ ★
友好性：★ ★
判断力：★ ★
适合初学者：★ ★ ★ ★
健康性：★ ★ ★ ★ ★
社会性、协调性：★ ★

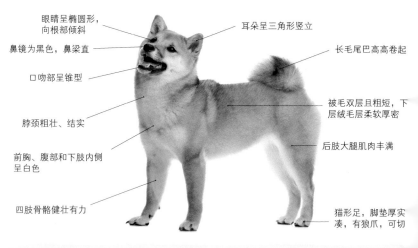

眼睛呈椭圆形，向根部倾斜

鼻镜为黑色，鼻梁直

口吻部呈锥型

脖颈粗壮、结实

前胸、腹部和下肢内侧呈白色

四肢骨骼健壮有力

耳朵呈三角形竖立

长毛尾巴高高卷起

被毛双层且粗短，下层绒毛层柔软厚密

后肢大腿肌肉丰满

猫形足，脚垫厚实凑，有狼爪，可切

● 驯养注意事项 ●

柴犬性情温顺，只要在日常生活中给它关爱，并形成良好的生活习惯和规律，是非常容易饲养的。它的毛发不算很长，但也需要经常梳理。柴犬性格过于活泼，需在早期进行社交培养，避免户外精力旺盛而不受主人控制。

英国史宾格犬

英国史宾格犬小名片	
身高	48 ~ 51 厘米
体重	16 ~ 20 千克
原产地	英国
祖先	猎鹬犬
性格特点	勇敢、聪明、谨慎
运动量	跑步速度30分钟 ×2次/天
用途	搜寻犬、伴侣犬
易患疾病	髋关节发育不良、眼疾、皮肤病
耐寒性	耐寒性较强

易驯养性：★ ★ ★ ★ ★

友好性：★ ★ ★ ★

判断力：★ ★ ★ ★

适合初学者：★ ★ ★

健康性：★ ★

社会性、协调性：★ ★ ★ ★

英国史宾格犬源于18世纪，到现在为止有600多年的历史，是世界上最古老的猎犬种类之一。由于其易被驯化、愿意服从命令和勇敢谨慎的性格多被用于狩猎，它能轻易地在粗糙杂乱的地面上敏捷迅速地奔跑，并能长时间持续工作。该犬仪态高雅、外形温柔，略显忧郁的眼神让人着迷，集美观与实用于一体。

头骨宽阔，中等长度，略圆

耳长而薄，脸颊旁自然下垂

眼呈杏仁状，深褐色，大小适中

尾巴沿臀部自然下垂

唇部相当深，呈正方形

大腿强健有力，肌肉发达

前肢直立，骨骼结实

双层被毛，外层毛中等长度、平坦或波浪状

足部紧密，浑圆，脚垫丰满

● 驯养注意事项 ●

喂养英国史宾格犬时要定点、定时、定量，帮它养成条件反射的习惯，才能促进肠道消化吸收。食物温度最好在40℃左右，不要过冷也不要过热。饲养者要经常带它出去锻炼，避免食物堆积患上肥胖症。它的胸部、腹部、腿部有长而密的被毛，并常拖在地上，需要常梳理，使它免受病菌侵害。

灯芯绒贵宾犬

别称	卷毛犬、普德尔犬
身高	24 ~ 60 厘米
体重	20 ~ 32 千克
原产地	法国
性格特点	机灵、冷静、友善
运动量	跑步速度 60 分钟 ×2 次 / 天
用途	伴侣犬、家庭犬
易患疾病	中耳炎
耐寒性	耐寒性较强

易驯养性：	★ ★ ★ ★
友好性：	★ ★ ★ ★
判断力：	★ ★ ★
适合初学者：	★ ★ ★
健康性：	★ ★
社会性、协调性：	★ ★ ★

灯芯绒贵宾犬的被毛呈绳状，由表层与底层的被毛交织而成，这是它区别于其他贵宾犬的重要标志之一。它善于奔跑和游泳，长被毛可抵御恶劣的环境和气候，曾被用于水上拾物。温和的个性和出众的外表，备受人们喜爱。现今灯芯绒贵宾犬数量极少，仅存的少数几只大部分都在法国。

额头宽大，小于头部长度的一半

眼睛大而圆、明亮有光泽

口鼻部突出、挺直且瘦长

前肢被丰厚的被毛覆盖

尾巴位于臀部较高的位置，向上高翘

下垂的白色绳索型被毛

足部相当小，厚实，呈卵形，被毛覆盖

• 驯养注意事项 •

灯芯绒贵宾犬性格温和，可成为孩子的伙伴共同成长。它需要较多的运动来维持身体健康。身上的被毛一旦梳成，很容易打理。面部、脚踝、尾根的毛要剪短，以免妨碍基本的日常生活。长被毛覆盖住耳朵，平时要注意耳部清洁，减少患上中耳炎的概率。

米格鲁猎兔犬

米格鲁猎兔犬又叫比格猎兔犬，法语的意思是"大开嘴巴"，因为此犬聚在一起喜欢吠叫，故得名。在法国用于捕猎兔和狐狸，在英国用作缉毒犬、防暴犬。它是史努比的原形，个性活泼开朗，情绪稳定，对主人忠诚且善解人意，反应快又易于驯养，所以越来越受欢迎。此犬体温恒定，抵抗力强，是国际上唯一承认的实验用犬。

米格鲁猎兔犬小名片

别称	比格猎兔犬
身高	46 ~ 50 厘米
体重	19 ~ 21 千克
原产地	法国
性格特点	开朗、活泼、善解人意
运动量	散步速度 30 分钟 ×2 次 / 天
用途	家庭伴侣犬、枪猎犬、群猎
易患疾病	心脏病、椎间盘突出
耐寒性	耐寒性中等

易驯养性：★★★
友好性：★★★★
判断力：★★
适合初学者：★★★★★
健康性：★★★★★
社会性、协调性：★★★★★

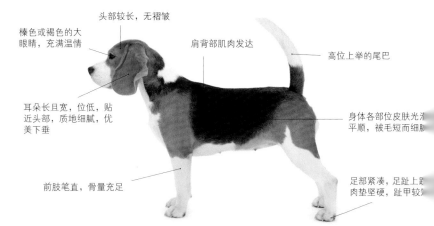

头部较长，无褶皱
榛色或褐色的大眼睛，充满温情
肩背部肌肉发达
高位上举的尾巴
耳朵长且宽，位低，贴近头部，质地细腻，优美下垂
身体各部位皮肤光泽平顺，被毛短而细腻
前肢笔直，骨量充足
足部紧凑，足趾上肉垫坚硬，趾甲较

• 驯养注意事项 •

由于米格鲁猎兔犬成群时爱吠叫，为避免吵闹宜单只饲养。该犬短而浓密的被毛较易打理，但天生体臭严重，因此需定期洗澡。米格鲁猎兔犬爱到处乱舔，所以家庭环境要时刻保持整洁，以防导致其生病。该犬好奇心强，有时很任性，需要严格调教。

美国可卡犬

美国可卡犬小名片	
别称	美国曲架、美式可卡
身高	34 ~ 38 厘米
体重	10 ~ 13 千克
原产地	美国
性格特点	开朗、活泼、机敏
运动量	散步速度 20 分钟 ×2 次 / 天
用途	狩猎犬、玩赏犬、伴侣犬、看家犬
易患疾病	膝盖脱臼、外耳炎、白内障
耐寒性	耐寒性中等

美国可卡犬的祖先是西班牙的猎鸟犬，被带到美国后大受欢迎，至今仍是美国最受欢迎的犬种。美国可卡犬性格温和、开朗活泼、外观甜美、感情丰富、对主人忠诚，且步伐姿势优美，是典型的猎犬步态。该犬以前是捕猎犬，现在是儿童和女士们的伴侣犬、玩赏犬，是男士们的护卫犬。

易驯养性：★ ★ ★ ★

友好性：★ ★ ★ ★

判断力：★ ★ ★

适合初学者：★ ★ ★ ★

健康性：★ ★

社会性、协调性：★ ★ ★ ★

头部较圆

耳呈叶片状，带有长而密实的波浪状饰毛耳朵

大而圆的深色眼睛，眼睑呈杏仁状

丰厚的波浪状被毛

短而厚实的方形吻部

尾平翘，与尾根、背部成直线或稍高

腿部饰毛比身上丰富

短而粗壮的发达四肢

● 驯养注意事项 ●

美国可卡犬原是生活在野外的猎鸟犬，所以应每天给予一定的运动量，若长时间待在屋内，会出现神情呆滞的现象。因该犬毛长，宜每天梳理，避免缠结，两个月左右洗一次澡。还要注意对该犬进行专业训练，以防养成固执、任性等毛病。

波兰低地牧羊犬

波兰低地牧羊犬小名片	
身高	41 ~ 51 厘米
体重	14 ~ 15 千克
原产地	波兰
祖先	牧羊犬
性格特点	活泼、聪明、勇敢、忠诚
运动量	跑步速度30分钟×2次/天
用途	狩猎犬、伴侣犬
易患疾病	关节炎、皮肤病
耐寒性	耐寒性中等

易驯养性: ★ ★ ★

友好性: ★ ★ ★

判断力: ★ ★ ★ ★

适合初学者: ★ ★ ★ ★

健康性: ★ ★

社会性、协调性: ★ ★ ★

　　波兰低地牧羊犬起源于16世纪，起初用于枪猎，现通常作为伴侣犬、牧羊犬。该犬曾一度濒临灭绝，在科学家的努力下，逐渐恢复。该犬身体强健，被毛长而厚，放牧能力优秀，喜欢取悦于人，理解能力强、记忆力好、吃苦耐劳，对主人忠诚，对儿童友好，是非常理想的伴侣犬。

头部中等大小，呈球形

下垂的心形高位耳朵

椭圆形的褐色眼睛

尾短，位置低

颈部强壮，喉部无垂肉

鼻大，根据被毛颜色，呈黑色或褐色

宽阔的深胸

腿部直，骨量重

足部呈椭圆形，紧凑厚实，前足比后足大

● **驯养注意事项** ●

　　波兰低地牧羊犬很自信，所以需要一个有领导力的主人进行连贯的训练，以形成良好的习惯和品行。如没有连贯的训练，它会表现出支配欲。该犬需要一定的活动量，如果长时间关在家里会烦躁不安。另外，应经常性地梳理被毛，还要定期洗澡，保持卫生。

喜乐蒂牧羊犬

喜乐蒂牧羊犬因原产于苏格兰的喜乐蒂岛而得名，几百年来，它一直在岛上担任赶羊群和守卫工作，因其耐寒、体力好、聪明、忠实、可靠，使用范围非常广。现在该犬遍及世界各国，深受养犬者的欢迎。喜乐蒂牧羊犬视野非常开阔，性格活泼、身体健壮、几乎没有攻击性，是比较完美的伴侣犬。

喜乐蒂牧羊犬小名片

别称	谢特犬、谢德兰牧羊犬
身高	33 ~ 39.5 厘米
体重	5 ~ 10 千克
原产地	英国
性格特点	开朗、顺从、耐寒、警惕性高
运动量	跑步速度30分钟×2次/天
用途	狩猎犬、玩赏犬、伴侣犬
易患疾病	眼疾、皮肤病、听力障碍
耐寒性	耐寒性中等

易驯养性：★ ★ ★ ★

友好性：★ ★ ★ ★

判断力：★ ★ ★ ★

适合初学者：★ ★ ★ ★

健康性：★ ★ ★ ★

社会性、协调性：★ ★ ★ ★

长而钝的楔形头部

耳朵呈心形下垂，位置与头骨平行，被饰毛遮盖

杏仁状中等大小的深色眼睛

长而厚的三色被毛

颈部肌肉发达，圆拱

覆盖有浓厚被毛的长尾巴

前肢直，肌肉发达，骨骼结实

足爪呈卵圆形，紧凑，脚垫深且坚硬

● 驯养注意事项 ●

喜乐蒂牧羊犬毛长但不爱掉毛，较容易打理，用钢梳梳理即可。它运动量不是很大，一般早晚各一次。喜乐蒂牧羊犬比较爱叫，尤其是高兴的时候。它有时会比较倔强，不太容易改变生活习性，比如认准一个地方睡觉，就很难再改变。

比利牛斯牧羊犬

比利牛斯牧羊犬是法国较为古老的牧羊犬种之一，因原产地在比利牛斯山脉而得名。最初，当地人赋予这种犬保护家禽、放牧羊群、驱赶野狼的责任。但到 17 世纪时，比利牛斯牧羊犬因受到法国贵族的喜爱，知名度大涨，开始有了各种各样的毛色。FCI（世界犬业联盟）将其中长毛和平脸比利牛斯牧羊犬设立为两个独立的品种。

比利牛斯牧羊犬小名片

别称	莱布瑞特犬
身高	38 ~ 48 厘米
体重	12 千克左右
原产地	法国
性格特点	聪明、活泼、警惕
运动量	跑步速度 30 分钟 ×2 次 / 天
用途	畜牧犬、守卫犬、家庭犬
易患疾病	皮肤
耐寒性	耐寒性较强

易驯养性：★ ★ ★

友好性：★ ★ ★ ★

判断力：★ ★ ★ ★

适合初学者：★ ★

健康性：★ ★ ★

社会性、协调性：★ ★

三角形状的头骨

眼大，呈杏仁状

牙齿排列整齐，上门齿覆盖下门齿咬合

前腿直，强壮有力

耳朵较短小，耳根高

被毛上毛为长且粗的直毛，下毛则柔软且丰厚

后腿适度倾斜，有明显的肌肉

足部椭圆形，外翻爪，脚趾不分开

● 驯养注意事项 ●

　　比利牛斯牧羊犬的长被毛可以很好地帮它抵御寒冷的气候，但到酷暑时分，主人要经常帮它梳理和修剪被毛，保持被毛整洁，防止细菌滋生而造成的皮肤病。它精力旺盛，需要大量的运动来维持健康的心态，主人最好每天都带它出门锻炼。

边境梗犬

边境梗犬小名片	
别称	博得猎狐犬
身高	25 ~ 30.5 厘米
体重	10 ~ 13.5 千克
原产地	英国
性格特点	机敏、友好、忠诚
运动量	散步速度 30 分钟 ×2 次 / 天
用途	猎犬、工作犬
易患疾病	椎间盘突出、尿道系统疾病
耐寒性	耐寒性中等

易驯养性：★ ★ ★

友好性：★ ★ ★

判断力：★ ★ ★ ★

适合初学者：★ ★ ★ ★

健康性：★ ★ ★

社会性、协调性：★ ★ ★ ★

　　边境梗犬起源于英国边境切维厄特的丘陵地区，因为当地一种山地狐狸不断危害家畜，所以边境梗犬应运而生。边境梗犬善奔跑、能深入地下捕捉老鼠、追赶狐狸，同时被毛能抵御当地潮湿的气候。它勇敢、强壮、不知疲倦，非常有耐力，是优秀的工作犬。

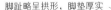

头部大小适中，形似水獭

V 形小垂耳，位于头顶

眼睛深褐色，杏仁状，与耳朵间距宽

外被毛较粗硬，底毛短而密

嘴短，色暗，有少量短髭

身体各部位皮肤光滑平顺，被毛短而细腻

肌肉发达的长颈部

后躯肌肉发达，腿长

脚趾略呈拱形，脚垫厚实

● 驯养注意事项

　　边境梗犬的喂养要注意营养要全面，蛋白质和维生素要充分供给。其厚实、贴身的皮毛可以抵御寒冷、恶劣的气候，不难打理。运动量需求较大，每天应给予不少于一个小时的运动。

德国宾莎犬

德国宾莎犬小名片	
别称	德国刚毛小猛犬
身高	35 ~ 50 厘米
体重	10 ~ 18 千克
原产地	德国
性格特点	坚定、忠诚、无畏
运动量	跑步速度 30 分钟 ×2 次 / 天
用途	工作犬、陪伴犬
易患疾病	皮肤病、髋关节发育不良
耐寒性	耐寒性较差

易驯养性：★★★
友好性：★★★★
判断力：★★★
适合初学者：★★
健康性：★★★★
社会性、协调性：★★★

德国宾莎犬起源于 15 世纪，是相当古老的犬种。该犬有着敏捷的身手和警惕的性格，被赋予看守家宅、农场和仓库的重任。它优于其他犬类的忍耐性和不知疲倦看守货物的能力和能够自己狩猎食物的本领。20 世纪 60 年代德国宾莎犬数量大幅度减少，一度有了濒临灭绝的危机，经过多年不断培育，纯种宾莎犬数量依旧不多。

头像一个钝形的楔，无后脑勺

直立的 V 形耳

椭圆形深色眼睛

身躯紧凑，强壮，肌肉发达

鼻部丰满，呈黑色

被毛短而密，皮肤光滑，紧紧地贴在身上

足爪短，圆，紧凑，深色脚垫和深色指甲

● 驯养注意事项 ●

德国宾莎犬有一定抵抗疾病的免疫力，但在生活中还需注意卫生清洁。它的被毛短、密而光滑，紧贴身上，较易梳理。喂养时，除提供正常狗粮之外，还可喂食少量蛋黄与牛奶，以确保营养均衡。它警惕性很强，胆子很小，心理较脆弱，训练它时一定要有耐心。家中有小朋友的，建议饲养者陪同训练，避免该犬受到孩子的精神或肢体的虐待。

波士顿中型梗犬

波士顿中型梗犬小名片	
别称	波士顿狗
身高	38～13 厘米
体重	5～11 千克
原产地	美国
性格特点	聪明、温和、忠诚
运动量	散步速度 60 分钟 ×2 次 / 天
用途	伴侣犬、家庭犬
易患疾病	皮肤病、心脏病、眼疾
耐寒性	耐寒性中等

波士顿中型梗犬全身比例匀称，肌肉健壮，姿态美观而优雅，面部表情看上去很聪慧。它虽然被称为梗犬，但是早已失去攻击性，没有了捕鼠的战斗力，现在更喜欢与人类为伴，作为宠物犬的它在大陆很难找到纯种。该犬性格活泼开朗，能够敏锐地发现周围危险情况并且及时采取行动。它拥有高品质的柔软短毛，外表非常美丽。

易驯养性：★★★★★
友好性：★★★★
判断力：★★★★★
适合初学者：★★★★
健康性：★★★★
社会性、协调性：★★★★

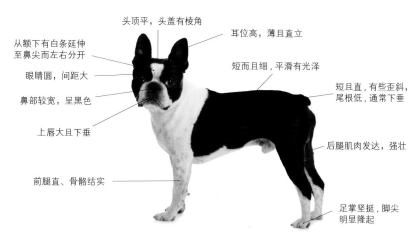

头顶平，头盖有棱角

耳位高，薄且直立

从额下有白条延伸至鼻尖而左右分开

短而且细，平滑有光泽

眼睛圆，间距大

短且直，有些歪斜，尾根低，通常下垂

鼻部较宽，呈黑色

上唇大且下垂

后腿肌肉发达，强壮

前腿直、骨骼结实

足掌坚挺，脚尖明显隆起

• 驯养注意事项 •

波士顿中型梗犬应按照定时、时定、量定点的方法喂食，否则会养成进食不规律的坏习惯。该犬虽被毛短，但也要每天用刷子或梳子为其梳理毛发，保持清洁。它喜欢和主人黏在一起，需要陪伴和关爱，要常带它到室外散步，不可剧烈运动，否则它会气喘难受。

波密犬

波密犬小名片

身高	33 ~ 48 厘米
体重	10 ~ 15 千克
原产地	匈牙利
祖先	波利犬、博美犬
性格特点	聪明、警惕、勇敢
运动量	跑步速度 60 分钟 ×2 次 / 天
用途	伴侣犬、运动犬、宠物犬
易患疾病	皮肤病、眼疾、关节炎
耐寒性	耐寒性较强

易驯养性：★★

友好性：★★

判断力：★★★

适合初学者：★★

健康性：★★★

社会性、协调性：★★★

波密犬起源于 17 世纪，是体型中等的梗类牧羊犬。因其嗅觉灵敏，被当地人培育用来放牧大型家畜，在与大型野生动物争斗时毫不逊色。经过多年不断的混血，波密犬用卷曲厚实的长毛取代了其祖先波利犬的粗浓杂乱的被毛，奔跑起来更加轻巧灵便。它有很强的警戒心，陌生人接近时会不停吠叫向主人表达戒备。

颅骨相对宽阔，顶部呈拱形

耳朵直立，尾根较高

眼睛呈卵形，深棕色，中等大小

鼻部狭窄，毛色呈黑色

背线直，背部较短

尾巴朝背部弯曲

颈部微拱，中等长度，无赘肉

圆足，似猫足，趾紧密，足垫有弹性

被毛卷曲，杂乱密实

• 驯养注意事项 •

波密犬在每年的 3、4 月会换毛，无需特意带它修剪被毛，但它的长毛需要每天梳理，天气炎热时一个月给它洗澡三次最佳。该犬需要较大运动量，建议主人饭后可陪它到公园玩耍或一起散步，合理的运动量有助于它的肠胃消化，避免肠胃疾病。

斗牛犬

斗牛犬小名片	
别称	老虎狗、牛头犬、英国老虎犬
身高	38 ~ 40 厘米
体重	23 ~ 25 千克
原产地	英国
性格特点	倔强、温和、黏人
运动量	散步速度 20 分钟 ×2 次 / 天
用途	伴侣犬、工作犬、护卫犬
易患疾病	皮肤病、口盖开裂、眼疾
耐寒性	耐寒性较差

易驯养性： ★ ★ ★ ★
友好性： ★ ★ ★
判断力： ★ ★ ★ ★
适合初学者： ★ ★ ★ ★
健康性： ★ ★ ★
社会性、协调性： ★ ★ ★ ★

斗牛犬在 19 世纪是所有犬类中最有战斗力的犬种之一，曾以其强悍的攻击性和凶猛的力量被用做斗牛。后来斗牛活动被禁止，该犬经过精心培养和训练，性格逐渐变得文雅。现如今它以善良稳重的性格和凶猛的外表深受人们喜爱，不仅是受欢迎的宠物犬，同时也因保护意识强、思维敏捷成为优秀的警卫犬。

头大且宽，呈正方形

耳朵小而薄，位置高

眼睛中等大小，
形状非常圆

颈部呈圆拱形，粗短

鼻子上翘，扁平宽大

身体各部位皮肤光滑
平顺，被毛短而细腻

嘴部上唇宽厚、下垂，
且非常深

前肢肌肉发达，向外倾斜

脚趾紧凑，趾甲短而粗

● 驯养注意事项 ●

斗牛犬毛发较短，无需经常梳理，它体型虽小，但肌肉发达程度和身体大小不成比例，矮胖的身躯时刻提醒主人，要多带它出去运动，以免过于肥胖。斗牛犬要补充维生素和钙，来确保营养丰富。禁止喂它有刺激性的东西和人的食物，否则会影响骨头和毛的发育。

沙皮犬

沙皮犬小名片	
别称	大沥犬
身高	46 ~ 51 厘米
体重	18 ~ 23 千克
原产地	中国
性格特点	机警、活跃、聪明
运动量	跑步速度 30 分钟 ×2 次 / 天
用途	伴侣犬
易患疾病	过敏症、皮肤病
耐寒性	耐寒性较差

易驯养性： ★
友好性： ★ ★ ★ ★
判断力： ★ ★
适合初学者： ★ ★ ★
健康性： ★ ★
社会性、协调性： ★ ★ ★ ★

　　至今沙皮犬已有 2000 多年的历史，是独特而古老的中国犬。目前沙皮犬数量极少，面临灭绝危机，是世界上是最珍贵的品种之一。因它有着与生俱来的厚如"盔甲"的皱褶皮肤，而成为斗狗场上的"常胜将军"，有"中国第一斗狗"的美称，深受人们的欢迎。该犬虽然看上去外表忧郁、表情凝重，但却有开朗活泼的性格。

头部平而宽大，前额与面颊的皮肤折皱并成垂皮

耳小而薄，呈等边三角形，耳尖稍圆

尾部逐渐变细，会上翘

杏仁眼，深色，带怒色

密实的被毛短而硬

鼻大而宽，鼻孔敞开

前腿直、长度适中

足部似猪形，紧密，不扩张

● **驯养注意事项** ●

　　沙皮犬毛发较短，无需经常梳理，每周洗澡两次最佳。皱纹较多易产生细菌，要按时仔细清洁。它能很快适应温暖环境和城市生活。饲养较为简单，但喂养要控制数量，以免过于肥胖对健康不利。该犬个性较强，训练不易，且与其他宠物相处中容易发生摩擦。

爱尔兰软毛麦色梗犬

爱尔兰软毛麦色梗犬小名片	
别称	短毛麦色梗
身高	46 ~ 48 厘米
体重	16 ~ 20 千克
原产地	爱尔兰
性格特点	勇敢、自信、警惕
运动量	跑步速度 60 分钟 ×2 次 / 天
用途	看护犬、伴侣犬
易患疾病	髋关节发育不良、眼疾
耐寒性	耐寒性较强

易驯养性：★ ★ ★

友好性：★ ★ ★ ★

判断力：★ ★ ★ ★

适合初学者：★ ★ ★

健康性：★ ★ ★

社会性、协调性：★ ★

爱尔兰软毛麦色梗犬是爱尔兰最古老的梗犬，起源于 18 世纪，距今已有 200 多年的历史。它与其他梗类犬相比，攻击性稍弱。19 世纪该犬出现在当地农户家中，因其勇敢又有耐心，被用来捕捉老鼠等体型较小的猎物。它稍有波浪的小麦色被毛和可爱温和的外型被众人喜爱。

头骨宽阔

眼睛被头部向前垂落的被毛遮住

耳朵与颅骨持平

黑色鼻镜较大

尾巴高抬，不卷曲

嘴唇紧，呈黑色，牙齿大

浓密的单层被毛覆盖其整个身躯

后腿肌肉发达

脚呈圆形，紧凑，脚垫厚，趾为暗黑色

● 驯养注意事项 ●

　　爱尔兰软毛麦色梗犬的被毛较长，每周至少梳理 3 ~ 5 次。使用细齿梳子可以将被毛内的细菌和寄生虫清理出来，也可将嘴边的食物残屑除去，能有效减少皮肤病和寄生虫病的发生。该犬年老后体力变差，运动量减少，要缩小投喂数量和次数，避免因肥胖引发的一系列病症。

英国可卡犬

英国可卡犬小名片

别称	确架猃、英国斗鸡犬、科克犬
身高	38 ~ 41 厘米
体重	12 ~ 15 千克
原产地	英国
性格特点	温和、聪慧、机警
运动量	散步速度 30 分钟 ×2 次 / 天
用途	伴侣犬
易患疾病	皮肤病、白内障、外耳炎
耐寒性	耐寒性较强

易驯养性：★ ★
友好性：★ ★ ★
判断力：★ ★ ★
适合初学者：★ ★ ★
健康性：★ ★ ★
社会性、协调性：★ ★ ★

可卡犬在 19 世纪的英国专门被培养，用在灌木丛中狩猎，所以狩猎能力极强，对气味敏感，是目前已知的最古老的猎犬品种之一。该犬性格温和，不会过于亢奋来破坏家中物品，也不会过于安静没有存在感，它机警聪明、动作灵敏、活泼的性格容易使人接近。

头方正，额段明显

眼呈椭圆形，眼距宽，眼睑紧密

耳位低，紧贴头部，被毛呈丝状

上唇厚而丰满

躯干部被毛中长，质地丝状，平直或稍有波纹

大腿宽、粗而且肌肉发达

猫型足，结实，趾拱起、紧缩，脚垫厚

● **驯养注意事项** ●

英国可卡犬有些黏人，不喜欢独自待在家中，想要得到主人较多的陪伴与关心。该犬被毛长，有时会拖在地上，需要每天用刷子帮它梳理，并且清理被毛上的灰尘和污垢，及时修剪，避免受到细菌侵害而染上疾病。

巴吉度猎犬

巴吉度猎犬小名片	
别称	法国短脚猎犬
身高	33 ~ 38 厘米
体重	18 ~ 27 千克
原产地	埃及
性格特点	聪明、听话、憨厚
运动量	散步速度30分钟×2次/天
用途	家庭犬、观赏犬
易患疾病	耳疾、消化系统疾病
耐寒性	耐寒性较强

巴吉度猎犬在 100 年前是专门的狩猎犬，四肢虽短，但因其具有灵敏的嗅觉和敏锐的观察力，仍被用来捕猎野兔、狐狸等小型野兽。该犬捕猎时会发出一种特殊的声音，由此闻名世界。它是法国有代表性的猎犬之一，也是身长、腿短的代表犬。可爱的外形，深受美国和英国人的喜爱。

易驯养性： ★ ★ ★
友好性： ★ ★ ★ ★
判断力： ★ ★ ★
适合初学者： ★ ★ ★
健康性： ★ ★ ★
社会性、协调性： ★ ★ ★ ★

头部大，比例匀称

眼睛大而圆、明亮有光泽

耳长，位底，松弛下垂到颈部

尾位于脊椎的延长线，略弯

鼻部较短且宽，有黑斑，鼻孔大

身体各部位皮肤光滑平顺，被毛短而细腻

前腿短、有力，皮肤有皱纹

足爪呈圆拱形，后足爪笔直向前

● **驯养注意事项** ●

巴吉度猎犬厌恶寂寞，喜欢陪伴，一旦独自待在家中会发出不满的吼叫。由于该犬耳朵较长，缺乏空气循环，易引起耳炎，要按时清洁耳部。虽然被毛较短，也要经常梳理。巴吉度猎犬属于易胖体质，且日常生活中较为懒惰，饲养者要每日带它到室外运动。除此之外，它流口水的时间较多，清洁工作较为烦琐。

冰岛牧羊犬

冰岛牧羊犬小名片	
身高	42 ~ 46 厘米
体重	11 ~ 14 千克
原产地	西班牙
祖先	挪威牧羊犬
性格特点	活泼、敏捷、刻苦
运动量	跑步速度30分钟×2次/天
用途	狩猎犬、护卫犬
易患疾病	皮肤病
耐寒性	耐寒性较差

易驯养性：★ ★
友好性：★ ★ ★ ★
判断力：★ ★ ★ ★
适合初学者：★
健康性：★ ★ ★
社会性、协调性：★ ★ ★ ★

冰岛牧羊犬公元874年左右作为狩猎犬被殖民者带入冰岛，现为冰岛境内唯一土著犬种。因外型可爱与狐狸犬相似，工作刻苦努力而深受人们喜爱。适应冰岛气候后，作为牧羊犬帮助当地人放牧家畜和寻找丢失的牛羊。在20世纪初，一次大型传染病导致该犬濒临灭绝，因会传染给主人而被政府明令禁止饲养，目前该禁令依然有效。

头部略长，呈三角形

眼睛杏仁状，深褐色

颈部中等长度，肌肉发达

四肢肌肉明显，较为强壮

直立的三角形耳朵，中等大小

鼻梁直，鼻镜为黑色或褐色

双层被毛，外毛较粗糙，内层柔软

足部略呈椭圆形，脚趾拱形

• 驯养注意事项 •

冰岛牧羊犬需要定期梳理毛发、修剪指甲和清洁眼部。它的运动量非常大，但不宜在公园的草地上活动，避免因寄生虫感染，所以不太适合城市生活。喂养时要注意不要喂它不易消化的食物，要用干净的容器每天喂它新鲜的纯净水。

贝森吉犬

贝森吉犬小名片

别称	刚果犬、巴辛吉犬、贝生吉犬
身高	40 ~ 43 厘米
体重	9.5 ~ 11 千克
原产地	刚果
性格特点	倔强、温和、黏人
运动量	散步速度 30 分钟 ×2 次 / 天
用途	家庭犬、宠物犬
易患疾病	贫血、过敏
耐寒性	耐寒性较差

易驯养性：★
友好性：★★★★
判断力：★
适合初学者：★★
健康性：★★★
社会性、协调性：★★★★★

贝森吉犬产于 16 世纪，是最古老的犬种之一。它虽面庞如老人般布满皱纹，但跑步时轻快灵活。因其嗅觉灵敏、方向正确、速度快，被埃及人视为追踪犬，帮助搜索驱赶猎物。该犬的进化过程与古埃及历史紧密联系，是考古学家研究埃及文化时的考证对象。它喜欢玩耍，对世界充满好奇，在家中十分安静，适合将其养在公寓。

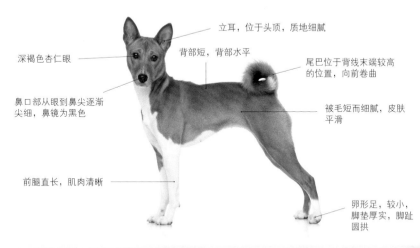

立耳，位于头顶，质地细腻

深褐色杏仁眼

背部短，背部水平

尾巴位于背线末端较高的位置，向前卷曲

鼻口部从眼到鼻尖逐渐尖细，鼻镜为黑色

被毛短而细腻，皮肤平滑

前腿直长，肌肉清晰

卵形足，较小，脚垫厚实，脚趾圆拱

● 驯养注意事项 ●

贝森吉犬头部多皱褶易藏匿细菌，建议经常洗澡清洁。它的被毛短而细腻，容易打理，每周梳理 2 ~ 3 次即可。它不喜欢被人指挥和命令，不太容易配合训练与安排，对陌生人警惕性非常强。贝森吉犬喜欢与主人待在一起，饲养者可多给它一些陪伴与关怀。

惠比特犬

惠比特犬小名片

别称	威比特犬，惠比特，鞭犬
身高	48 ～ 53 厘米
体重	12 ～ 13 千克
原产地	英国
性格特点	顺从、聪明、忠诚
运动量	跑步速度 30 分钟 ×2 次 / 天
用途	赛犬、护卫犬
易患疾病	口盖开裂、皮肤病
耐寒性	耐寒性较差

易驯养性： ★ ★ ★ ★

友好性： ★ ★ ★

判断力： ★ ★ ★ ★

适合初学者： ★ ★ ★

健康性： ★ ★ ★

社会性、协调性： ★ ★ ★

惠比特的名字来源于英文"鞭打"一词。因它的奔跑速度可达 60 公里 / 时，所以 18 世纪时就被用来捕猎野兔或参加咬夺比赛。该犬外貌漂亮优雅，性情温顺，性格活泼，易于训练，对主人又忠诚，是护卫犬的不二选择。由于具有意大利灵提犬的血统，所以抗病力强，且寿命也长。

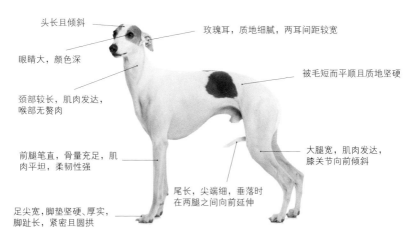

头长且倾斜

玫瑰耳，质地细腻，两耳间距较宽

眼睛大，颜色深

被毛短而平顺且质地坚硬

颈部较长，肌肉发达，喉部无赘肉

前腿笔直，骨量充足，肌肉平坦，柔韧性强

大腿宽，肌肉发达，膝关节向前倾斜

尾长，尖端细，垂落时在两腿之间向前延伸

足尖宽，脚垫坚硬、厚实，脚趾长，紧密且圆拱

● 驯养注意事项 ●

惠比特犬的寿命长达 14 年。该犬对主人十分忠心，日常训练较为轻松和简单。它被毛较短，需每日早晚各刷毛一次，梳毛时，选用毛刷或者弹性钢丝刷。惠比特犬有身体发抖的习惯，这并不代表它寒冷或害怕。饲养者要避免带它到过于寒冷或过于炎热的地方。

威尔士激飞猎犬

威尔士激飞猎犬是较为古老的犬种之一，拥有出色的嗅觉。公元前 7 世纪首次被用来狩猎，但 1906 年才被美国养犬俱乐部正式承认。它身躯结构紧凑、腿部细长，健壮的躯体和发达的肌肉，看上去十分灵活且有耐力。它性格温顺，能够温柔对待其他动物和家里的小孩子，适合作为家中守卫犬。

威尔士激飞猎犬小名片

别称	威尔士史宾格犬
身高	46 ~ 48 厘米
体重	16 ~ 20 千克
原产地	英国
性格特点	敏锐、聪明、活泼
运动量	跑步速度 60 分钟 × 2 次 / 天
用途	狩猎犬、伴侣犬
易患疾病	眼疾、关节炎、皮肤病
耐寒性	耐寒性较强

易驯养性：★★★★

友好性：★★★★

判断力：★★★★

适合初学者：★★★

健康性：★★

社会性、协调性：★★★★

头部长度适中，略微圆拱

眼睛中等大小，呈卵形

耳朵形似葡萄叶，贴近脸颊，下垂

背线水平，腰部略微圆拱，肌肉发达，结合紧凑

被毛直而平坦，浓密柔软

颈部长而略微圆拱，喉咙处整洁

尾部为背线的延伸，兴奋时略高翘，通常需断尾

前腿短、粗，骨骼结实

足爪圆，紧凑而圆拱，脚垫厚实。

● 驯养注意事项 ●

威尔士激飞猎犬对运动的需求量非常大，每天需要长时间奔跑或跳跃，因此不太适合城市生活。足够长的被毛可以帮它抵御各种恶劣寒冷的气候，冬季不必经常给它剃毛，但被毛每周两次梳理最佳，避免发生污垢残留和被毛打结的情况。威尔士激飞猎犬的耳朵每周应着重检查和清理，以免细菌滋生。

卡狄根威尔士柯基犬

卡狄根威尔士柯基犬由于体型较小、动作灵活，能够钻入牛群中，咬住牛的下肢来控制牛的行动，在 12 世纪作为狩猎犬用于驱赶牛群。该犬背毛的质地好、外表可爱且性格温和、勇敢活泼，从 12 世纪的查理一世到如今的伊丽莎白二世，一直深受英国王室喜爱，是目前最受欢迎的看家犬种之一。

卡狄根威尔士柯基犬小名片

身高	27 ~ 32 厘米
体重	13.5 ~ 17 千克
原产地	英国
祖先	威尔士柯基犬
性格特点	勇敢、活泼
运动量	跑步速度 30 分钟 ×2 次 / 天
用途	看家犬
易患疾病	青光眼、视网膜脱落
耐寒性	耐寒性较强

易驯养性：★ ★ ★ ★

友好性：★ ★ ★ ★

判断力：★ ★ ★ ★

适合初学者：★ ★ ★

健康性：★ ★

社会性、协调性：★ ★ ★ ★

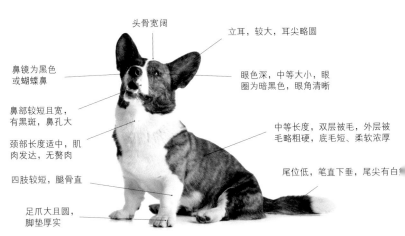

头骨宽阔

立耳，较大，耳尖略圆

鼻镜为黑色或蝴蝶鼻

眼色深，中等大小，眼圈为暗黑色，眼角清晰

鼻部较短且宽，有黑斑，鼻孔大

颈部长度适中，肌肉发达，无赘肉

中等长度，双层被毛，外层被毛略粗硬，底毛短、柔软浓厚

四肢较短，腿骨直

尾位低，笔直下垂，尾尖有白

足爪大且圆，脚垫厚实

● 驯养注意事项 ●

卡狄根威尔士柯基犬的被毛较短，打理简单，每月修剪一次即可。它是一只精力充沛、热爱运动的犬，需要饲养者每天带它到户外运动。该犬性格活泼好动、喜欢吠叫及抓咬物品，需从幼时开始训练，但它胜在智商较高，训练容易。

塞尔维亚猎犬

塞尔维亚猎犬小名片

别称	巴尔干猎犬
身高	44 ~ 56 厘米
体重	19 ~ 20 千克
原产地	塞尔维亚
性格特点	倔强、活泼、冲动
运动量	快跑速度 60 分钟 × 2 次 / 天
用途	护卫犬、伴侣犬
易患疾病	皮肤病
耐寒性	耐寒性较强

易驯养性： ★ ★ ★

友好性： ★ ★ ★

判断力： ★ ★ ★ ★

适合初学者： ★ ★

健康性： ★ ★

社会性、协调性： ★ ★ ★

塞尔维亚猎犬最初作为狩猎犬，发达的肌肉和强健的体魄使它肩负着在严峻的山区狩猎的重任。它不仅能抓捕像兔子一样的小型猎物，还能追捕像鹿、野猪这样的大型猎物。狩猎时通过悠长的叫声，能够在很远的地方通知和提醒主人。非狩猎期间，它性情温和，能够和家中其他动物友好相处。

头长且前额宽

耳薄，长度适中，贴近脸颊

眼睛深棕色，呈椭圆形

被毛短而细腻、柔顺

胸部肌肉健硕

弓形的脚趾，脚趾结实且紧凑，有锐利的爪

尾巴略微弯曲，从根部逐渐变细

● 驯养注意事项 ●

　　塞尔维亚猎犬精力充沛且活泼好动，需要充足的户外运动，适合饲养在郊区等较为宽阔的地方。由于它是狩猎犬，有着吠叫的天性，在幼犬时就必须严格管教和训练，否则成年后很难修正。它有双层被毛，短而丰厚，需常常梳理。切勿喂它人类多油多盐的食物。

长须柯利牧羊犬

长须柯利牧羊犬小名片	
身高	51 ~ 56 厘米
体重	18 ~ 27 千克
原产地	英国
祖先	波兰低地牧羊犬、英国老式牧羊犬
性格特点	活泼、勇敢、黏人
运动量	快跑速度60分钟×2次/天
用途	工作犬、家庭犬
易患疾病	视网膜萎缩、关节炎等
耐寒性	耐寒性中等

易驯养性：★ ★ ★

友好性：★ ★ ★

判断力：★ ★ ★ ★

适合初学者：★ ★

健康性：★ ★

社会性・协调性：★ ★ ★

早在18世纪，长须柯利牧羊犬就作为工作犬，驱赶牲畜来帮助主人进行市场交易。它有着吃苦耐劳和活泼友善的性格，即便住在室外也心甘情愿，因此受到很多家庭的欢迎，数量急剧增加。该犬平衡能力较好，躯体结实，肌肉健壮，身体的柔软性、优异的弹跳性可以确保它在急转弯和"急刹车"时能够突然停止。

头骨平而宽

眉毛较长，弯向眼眶的两边

耳朵中等大小，被长毛覆盖

眼小适中，眼距较远，被毛覆盖

被毛自然从身体两侧分开

下颚、下嘴唇上长有长须

尾巴自然下垂且毛厚

卵圆脚，脚垫较厚，爪间有被毛覆盖

四肢有力，弹跳力较好

• 驯养注意事项 •

长须柯利牧羊犬被毛长，最好每天梳理，以防缠结。它不仅需要日常的食物供给，还需要物质和精神上的奖励，喜欢与人嬉戏且友善活跃，能很好地与其他同类或宠物相处，主人可饲养多只宠物。该犬不怕生且从不羞怯，见到陌生人会通过吠叫来表示欢迎。

波利犬

波利犬因直觉敏锐、动作迅速，在 1000 多年前被用作畜牧犬来放牧家禽。它快如闪电的奔跑，受到本土人的高度赞扬。蓬松浓密的被毛像伞一样遮住身躯和头部，这是此犬最明显的特征。该犬热爱家庭，性格温和，能够与其他种类的宠物融洽相处，是称职的家庭犬。

波利犬小名片

别称	匈牙利波利犬
身高	37 ~ 44 厘米
体重	10 ~ 15 千克
原产地	匈牙利
性格特点	顽固、忠心、温和
运动量	散步速度 30 分钟 ×2 次 / 天
用途	畜牧犬、家庭犬
易患疾病	皮肤病、关节炎
耐寒性	耐寒性较强

易驯养性： ★ ★ ★ ★ ★

友好性： ★ ★

判断力： ★ ★ ★ ★ ★

适合初学者： ★ ★

健康性： ★ ★

社会性、协调性： ★ ★ ★

头部中等大小，与身体比例协调

眼睛杏仁状，位置较深，被毛覆盖

鼻镜黑色，大小适中

前肢直、结实而柔韧

耳位高于眼睛，中等大小，V 字形

尾位于臀部较高的位置，上翻

被毛两侧自然分散，成绳索状

足爪圆，紧凑，脚趾圆拱，脚垫厚实

● 驯养注意事项 ●

波利犬夏季体内水分蒸发较快，饲养者需在家中长期备置清水，以便随时补充水分。该犬易得皮肤病，需每天早晚用钢丝刷和长而疏的金属梳梳理被毛，来保持整洁。建议饲养者购买幼犬，以便培养感情，购买成年犬会因思念旧主而郁郁寡欢。

边境牧羊犬

边境牧羊犬小名片	
别称	边境柯利犬
身高	45.6 ~ 56.7 厘米
体重	12 ~ 24 千克
原产地	苏格兰
性格特点	聪明、温和、忠诚
运动量	散步速度 60 分钟 ×2 次 / 天
用途	伴侣犬、家庭犬
易患疾病	皮肤病、关节炎、听力障碍
耐寒性	耐寒性较强

易驯养性： ★ ★ ★ ★ ★
友好性： ★ ★ ★ ★
判断力： ★ ★ ★ ★ ★
适合初学者： ★ ★ ★ ★
健康性： ★ ★ ★ ★
社会性、协调性： ★ ★ ★ ★

　　边境牧羊犬在世界犬种中智商排行第一名，拥有天生的牧羊本能和较强的察言观色能力，能准确理解主人下达的指令，并且与主人如影随形。爆发力和弹跳力非常好，一般借由眼神的注视来驱动羊群。它嗅觉灵敏，行动迅速，是人们的得力助手。该犬性泼天真，精力充沛，好奇心很强。

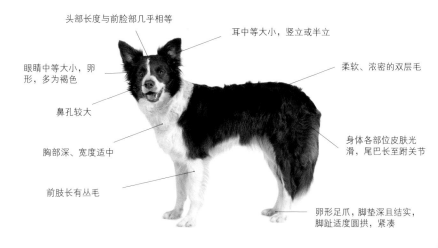

头部长度与前脸部几乎相等

耳中等大小，竖立或半立

眼睛中等大小，卵形，多为褐色

柔软、浓密的双层毛

鼻孔较大

胸部深、宽度适中

身体各部位皮肤光滑，尾巴长至跗关节

前肢长有丛毛

卵形足爪，脚垫深且结实，脚趾适度圆拱，紧凑

• 驯养注意事项 •

　　该犬容易打理，除了换毛期很少脱毛，主人只需每天定时给它梳理被毛即可。只要运动量足够多，自己就会把趾甲磨平，不需要刻意帮它剪短趾甲。边境牧羊犬的喂养与其他狗没有区别，运动后四十分钟给它开饭为最佳时间。

美国斯塔福德郡梗犬

美国斯塔福德郡梗犬小名片

别称	斗牛犬、雅克梗
身高	43 ~ 48 厘米
体重	18 ~ 23 千克
原产地	美国
性格特点	顺从、忠心
运动量	跑步速度 30 分钟 ×2 次 / 天
用途	家庭犬、观赏犬
易患疾病	白内障、关节炎
耐寒性	耐寒性较强

易驯养性: ★★

友好性: ★

判断力: ★★★

适合初学者: ★★

健康性: ★★★

社会性、协调性: ★★

在 9 世纪的英格兰,人们用斯塔福德郡梗犬来进行斗狗竞赛和挑逗公牛,故而也称之为斗牛犬。斗牛活动被禁止后,美国人对它进行了精心改良,增大了它的身高和体重,使其能够区别于英国的斯坦福斗牛梗,新犬种改名为美国斯坦福德郡梗。如今,该犬既有斗牛犬强悍的战斗力和强健的身躯,也有梗犬的热情和机敏。

头颅宽阔,中等长度

耳位高,直立或半立

眼色深,圆,眼距宽

被毛短、密、有光泽

尾位低,尾尖逐渐变细,不卷曲

胸深且宽

后腿肌肉发达,不向前弯曲

前腿短、粗、骨骼结实

足部大而平

● **驯养注意事项** ●

美国斯塔福德郡梗犬属于杂交品种,寿命要比一般犬类短,大约在 7 年左右,购买时需谨慎考虑。出生至 6 个月时幼犬的肠胃脆弱,需喂养柔软易消化的食物,且须早晚饮用新鲜水,来避免因消化不良引起的各种疾病。它的被毛容易梳理,每周两三次即可。

彭布罗克威尔士柯基犬

彭布罗克威尔士柯基犬小名片

别称	潘布鲁克威尔斯柯基犬
身高	25 ~ 30.5 厘米
体重	10 ~ 13.5 千克
原产地	英国威尔士
性格特点	聪明、友好、顺从
运动量	散步速度 30 分钟 ×2 次 / 天
用途	畜牧犬、看门犬
易患疾病	肾病、眼疾
耐寒性	耐寒性中等

易驯养性： ★ ★ ★ ★
友好性： ★ ★ ★
判断力： ★ ★ ★ ★
适合初学者： ★ ★ ★ ★
健康性： ★ ★ ★
社会性、协调性： ★ ★ ★ ★

彭布罗克威尔士柯基犬是英国王室非常喜爱的犬种。外表矮小的它体格非常健壮、结实，性格活泼顺从，很易训练。作为牧牛犬，它能准确判断周围情况并作出相应的反应，一般会咬牛的后脚跟，促使牛移动，当牛被咬疼而要攻击它时，它能以极快的速度躲开。有时它会咬人的脚踝，早期通过训练可减少这种习性。

颅骨颇宽

耳直立、坚硬，中等大小，耳尖略圆

椭圆形眼，棕色，中等大小，

背部坚硬、水平

被毛长度适中，绒毛短而厚，外层被毛较长而粗糙

颈部略成拱形

胸深，在前肢间垂下

前腿短而直，骨骼发达

足呈椭圆形，脚垫强健，脚拱起，爪短

● 驯养注意事项 ●

彭布罗克威尔士柯基犬容易变胖，肥胖之后会导致骨骼疼痛，需要控制饮食，进行有规律的运动。它的被毛短而密，需要经常梳理。该犬警觉性很强，它性格温和，喜欢黏在主人身边，较容易相处，是家人的好朋友，也是非常优秀的工作犬。

爱尔兰梗犬

爱尔兰梗犬起源于 18 世纪，是梗类中最早的品种之一。由于它的勇敢敏捷，第一次世界大战中便被作为军犬，担任哨卫和信使的职责，将它的不顾后果和无所顾忌完成任务的本能展现得淋漓尽致。该犬有着强悍的狩猎本能，有时会掠杀兔子、巨鼠等小动物，但对小孩子有着与生俱来的喜爱，它的敏锐可使家庭远离危险。

爱尔兰梗犬小名片

别称	爱尔兰红梗
身高	46 ～ 48 厘米
体重	11 ～ 12 千克
原产地	爱尔兰
性格特点	聪明、顺从、憨厚
运动量	跑步速度 30 分钟 ×2 次 / 天
用途	守卫犬、猎犬
易患疾病	皮肤病、肾脏疾病
耐寒性	耐寒性较强

易驯养性：★ ★
友好性：★ ★
判断力：★ ★ ★
适合初学者：★ ★ ★
健康性：★ ★ ★
社会性、协调性：★ ★ ★

颅骨扁，比例协调
耳小，呈 V 形
嘴唇紧闭，黑色
眼黑褐色，较小，不突出
颈部两侧有微量毛发，喉部无赘肉
被毛浓密呈金属丝状刚毛，毛量丰厚，
足爪结实，圆且偏小，趾甲呈黑色

● 驯养注意事项 ●

喂养爱尔兰梗犬时需从幼犬开始就要喂其营养均衡的食物，狗粮最佳。不适的食物会影响其发育，且后期不能补救。给它洗澡时应选一天中温度较高的时候进行，洗前要先将缠结在一起的毛梳开，便于洗净；洗后立即用毛巾擦干或用吹风机吹干，切忌刚洗完澡便在阳光下晾晒。它的被毛长而松，柔软呈丝状，需经常梳理，以免缠结成团。

卡南犬

卡南犬小名片	
别名	迦南犬
身高	48 ~ 61 厘米
体重	16 ~ 25 千克
原产地	以色列
性格特点	警惕性强、攻击性强
运动量	快走速度60 分钟 ×2 次 / 天
用途	牧羊犬、护卫犬、导盲犬
易患疾病	关节炎、皮肤病
耐寒性	耐寒性中等

易驯养性：★ ★

友好性：★ ★

判断力：★ ★ ★

适合初学者：★

健康性：★ ★ ★ ★

社会性、协调性：★ ★

卡南犬是一种古老的犬种，在公元前两千多年前的墓穴中有它的图画。它原产于中东，对陌生人冷淡、好奇，但对主人友善而忠诚。卡南犬步态迅速而轻快，强壮而有力，具有很强的领地意识，声音持久洪亮，非常机警，被称为优秀的工作犬。二战时曾是地雷的探测者，战后是出色的导盲犬，是高智商、易驯养的犬种。

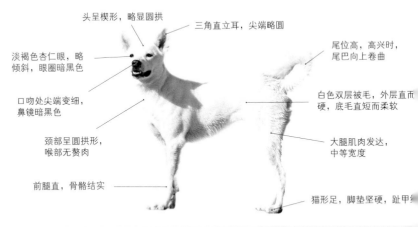

头呈楔形，略显圆拱

三角直立耳，尖端略圆

淡褐色杏仁眼，略倾斜，眼圈暗黑色

尾位高，高兴时，尾巴向上卷曲

口吻处尖端变细，鼻镜暗黑色

白色双层被毛，外层直而硬，底毛直短而柔软

颈部呈圆拱形，喉部无赘肉

大腿肌肉发达，中等宽度

前腿直，骨骼结实

猫形足，脚垫坚硬，趾甲结实

● 驯养注意事项 ●

卡南犬在日常喂养中，应注意荤素搭配，营养力求全面，同时可添加适量的维生素制剂。切勿喂食过多的肉食，肉食过多会导致它消化不良，引起腹泻。卡南犬幼时生长发育最快，易训练，同时也是发病和死亡的高峰期，所以在此时期，应根据它的生长发育和生理特点科学驯养。换毛时期为了让它的毛发生长得更好，应不断地给它梳理毛发。

恩特雷布赫牧牛犬

该犬在名叫恩特雷布赫的地方被培育出来，因此得名，当地人又称它为瑞士山地犬。它主要起着保护和放牧家畜的作用，在险峻的山区当牛羊脱离队伍时，能很快发现并驱赶它们归队。该犬性格温顺，对主人忠诚，对孩子友善，能够陪伴孩子一起成长，是家庭中缺一不可的守卫犬。

恩特雷布赫牧牛犬小名片

别称	瑞士山地犬
身高	42～50厘米
体重	25～30千克
原产地	瑞士
性格特点	聪明、忠诚、温顺
运动量	跑步速度30分钟×2次/天
用途	家庭犬、守护犬
易患疾病	关节炎、皮肤病
耐寒性	耐寒性中等

易驯养性：★★★★

友好性：★★★★

判断力：★★★★

适合初学者：★★

健康性：★★★★

社会性、协调性：★★★★

颅骨结实平坦

耳呈V形，折垂

眼呈褐色，略圆，有对称的棕色斑点

被毛平滑，紧密，粗糙，为黑色有光泽的双层被毛

白色被毛从额头延伸到胸部

尾长，位较高，自然下垂

趾间呈拱形，前脚跟微倾斜

健壮结实的矩形身体

大腿粗壮，肌肉发达，向跗关节逐渐变细

● 驯养注意事项 ●

恩特雷布赫牧牛犬的被毛虽短，但为保持洁净也可时常修剪和梳理。在修剪被毛前，最好给它涂一些帮助被毛润滑的膏体，以防剪刀过于锋利而刮伤它的身体。该犬能适应城市生活，但日常生活中主人还是要常常给予陪伴。

美洲无毛梗犬

美洲无毛梗犬起源于 1972 年，是一种新型无毛犬种，目前没有得到 FCI 的认证。幼犬出生时身躯上覆盖者一层浅薄的绒毛，随着时间的流逝，绒毛逐渐消失。它活泼、敏锐，有着漂亮的外表和敏捷的速度，是可以给家庭带来乐趣的伴侣犬。

美洲无毛梗犬小名片

别称	美国无毛梗
身高	18 ~ 41 厘米
体重	2.5 ~ 7 千克
原产地	美国
性格特点	聪明、警惕、友好
运动量	散步速度 30 分钟 ×2 次 / 天
用途	伴侣犬
易患疾病	皮肤病
耐寒性	耐寒性较差

易驯养性：★ ★ ★

友好性：★ ★ ★ ★

判断力：★ ★ ★

适合初学者：★ ★ ★

健康性：★ ★

社会性、协调性：★ ★ ★

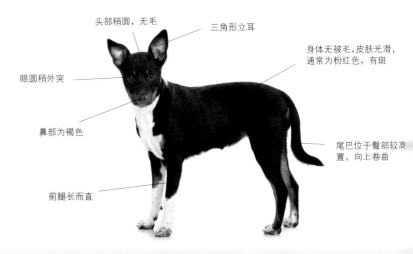

头部稍圆，无毛

三角形立耳

身体无被毛，皮肤光滑，通常为粉红色，有斑

眼圆稍外突

鼻部为褐色

尾巴位于臀部较高置，向上卷曲

前腿长而直

● 驯养注意事项 ●

美洲无毛梗犬性格敏感，日常生活中不宜粗暴对待，训练时要温柔有耐心。它对运动需求量不大，毛发的梳理需求相对较少，要定期洗澡，修剪指甲和保持耳朵清洁。美洲无毛梗犬比寻常犬类更易感知温度的变化，寒冬外出要注意保暖，酷暑外出要注意防晒。

加泰罗尼亚牧羊犬

加泰罗尼亚牧羊犬起源于 18 世纪，有着勇敢而凶猛的个性，不需要主人下命令就可以主动放牧的能力深受当地牧羊人喜爱，故而长期作为放牧犬。它曾经在 1936 年西班牙战争中承担警戒和通讯的工作，现今通过训练还可以成为警卫犬、搜查犬、导盲犬。该犬活泼、聪明、无畏，是值得信赖的伴侣犬。

加泰罗尼亚牧羊犬小名片

别称	格斯得特卡太拉犬
身高	44 ~ 55 厘米
体重	18 ~ 25 千克
原产地	西班牙
性格特点	警觉、聪明、勇敢
运动量	跑步速度 30 分钟 ×2 次 / 天
用途	伴侣犬、守护犬
易患疾病	皮肤病、关节炎
耐寒性	耐寒性较强

易驯养性：★ ★ ★ ★

友好性：★ ★ ★ ★

判断力：★ ★ ★ ★

适合初学者：★ ★ ★

健康性：★ ★ ★ ★

社会性、协调性：★ ★ ★ ★

耳呈三角形下垂于头部两侧，被长毛覆盖

眼深琥珀色或黑色，被长毛覆盖

鼻、唇呈黑色

尾部休息时下垂于身

四肢粗壮、骨骼结实

被毛顺直而长，体躯被毛为波浪形

足部呈椭圆形，脚垫黑色

●驯养注意事项●

加泰罗尼亚牧羊犬在饮食方面没有特殊要求，但体型庞大需要较大生存空间，性格活泼需要有较多的运动来确保健康的状态，建议房屋面积小的住户和陪伴它时间较少的人放弃饲养该犬。该犬被毛较长，身体各部位清理烦琐，每次梳理最少 30 分钟左右。

西西伯利亚莱卡犬

西西伯利亚莱卡犬小名片	
身高	53 ~ 61 厘米
体重	18 ~ 23 千克
原产地	俄罗斯
性格特点	敏锐、勇敢、聪明
运动量	跑步速度 60 分钟 ×2 次 / 天
用途	伴侣犬、狩猎犬
易患疾病	皮肤病
耐寒性	耐寒性较差
被毛颜色	黑色、淡黄色、黑白相间

易驯养性：★

友好性：★ ★ ★

判断力：★ ★ ★ ★

适合初学者：★

健康性：★ ★ ★

社会性、协调性：★ ★ ★ ★

西西伯利亚莱卡犬起源于 19 世纪，最初作为狩猎犬被用于捕猎大型动物。因身体强健，有时也被当做雪橇犬。莱卡犬是飞上太空的第一个地球生命，为未来的载人航天飞行做出了重要铺垫。60 多年过去了，莱卡绝对是世界上最出名的犬类之一。

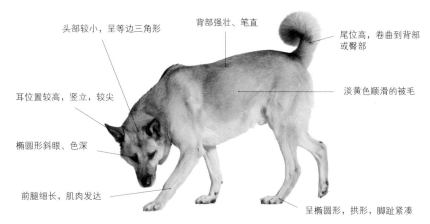

头部较小，呈等边三角形

背部强壮、笔直

尾位高，卷曲到背部或臀部

耳位置较高，竖立，较尖

淡黄色顺滑的被毛

椭圆形斜眼、色深

前腿细长，肌肉发达

呈椭圆形，拱形，脚趾紧凑

● 驯养注意事项 ●

迄今为止西西伯利亚莱卡犬仍保留着其狩猎的野性，不适合做孩子的玩伴，建议有孩子的家庭不要饲养。它不易训练，不适合初养犬者，有经验的饲养者与它相处时也应格外注意安全。它需要大量的运动量才能保持身心健康。西西伯利亚莱卡犬适应不了城市的高温气候，所以不宜在城市生活。也正因不耐高温，所以必须每天早晚梳理毛发。

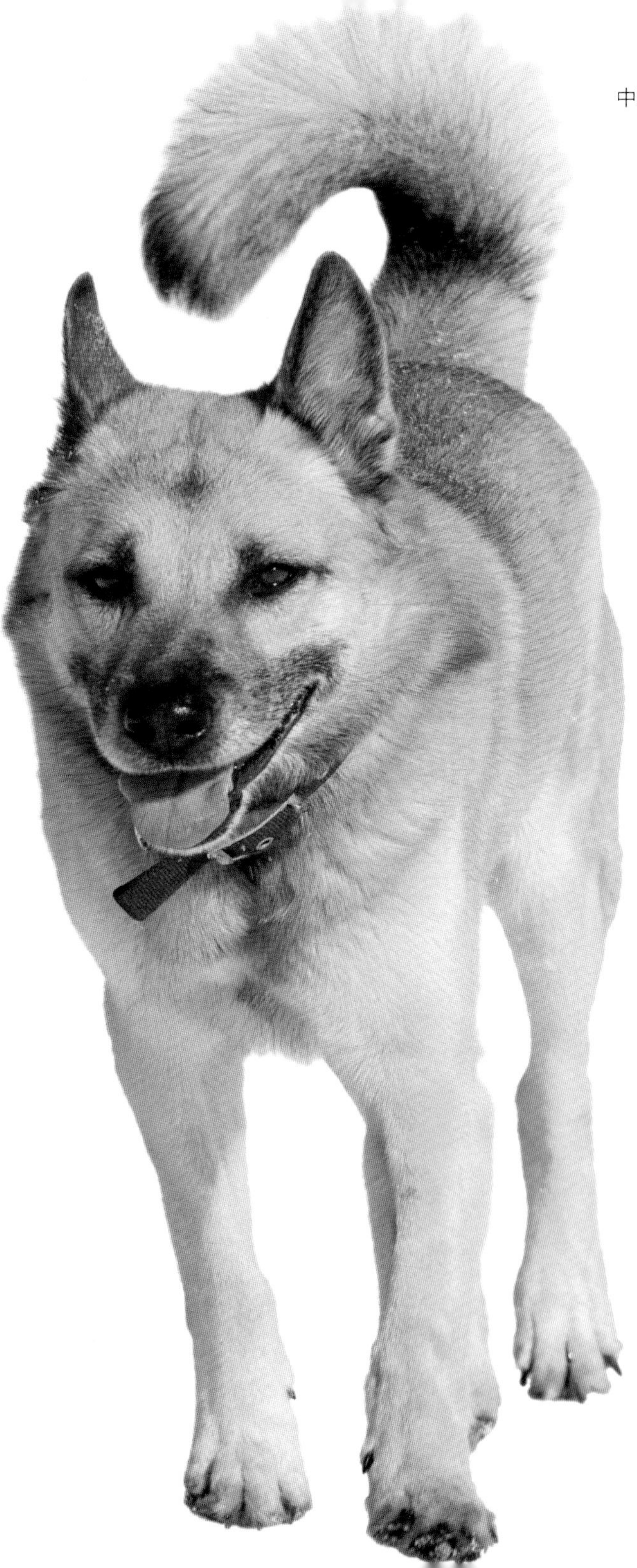

葡萄牙水犬

据说葡萄牙水犬起源于公元前 7 世纪，但在 1983 年美国养犬俱乐部才正式承认。它拥有出色的游泳和潜水能力，能够全天在水下工作，当地渔民饲养它们来帮助驱赶鱼群、寻找丢失的渔具。该犬有两种不同的被毛类型：卷曲和波浪型。漂亮的外型和高举着的尾巴处处显露出热情和聪明的性格，使得该犬有幸成为"白宫第一狗"。

葡萄牙水犬小名片

别称	靠德阿古阿犬
身高	43 ~ 57 厘米
体重	16 ~ 25 千克
原产地	葡萄牙
性格特点	聪明、顺从、英勇
运动量	跑步速度 60 分钟 ×2 次 / 天
用途	伴侣犬、守卫犬
易患疾病	眼疾、关节炎、皮肤病
耐寒性	耐寒性较差

易驯养性：★ ★ ★ ★

友好性：★ ★ ★ ★

判断力：★ ★ ★ ★

适合初学者：★ ★ ★

健康性：★ ★ ★ ★

社会性、协调性：★ ★ ★ ★

圆眼，中等大小，略微倾斜，分的较开

尾巴高举、非断尾

头部较大，头顶宽

耳朵位于眼睛之上，呈心形

鼻镜黑色，宽，鼻孔宽阔

颈部短而直，无赘肉

四肢直且长

脚垫厚实，脚趾间有蹼

● 驯养注意事项 ●

葡萄牙水犬不易掉毛，若饲养者对狗毛过敏需小心注意即可。洋葱对它来说相当于毒药，严重的话会危及生命。切忌不能喂养腌制食品或含盐量多的食品。牛奶和乳制品会引起它肠胃的不适，严重的话可能会导致腹泻，同样建议少喂。被毛每周梳理两次为佳。

四国犬

四国犬小名片	
身高	46～52 厘米
体重	20～30 千克
原产地	日本
性格特点	忠诚、警惕
运动量	跑步速度 30 分钟 ×2 次 / 天
用途	伴侣犬、狩猎犬
易患疾病	过敏
耐寒性	耐寒性较差
被毛颜色	黄褐色、黑芝麻色

易驯养性：★★

友好性：★★

判断力：★★★

适合初学者：★★★

健康性：★★★★★

社会性、协调性：★★★

四国犬在 1937 年被指定为日本的天然纪念物，目前已被日本政府的相关机构进行保种，在日本境外很少见，属于稀有品种。因其强大的耐力和无畏的个性，最初被用作偏远山区的狩猎犬，帮助猎人抓捕熊或鹿这类野禽。它对主人很温柔，但对其他动物不友好，有很强的支配欲，是日本最朴素的中型犬。

三角形立耳

眼睛稍小向上微挑起

鼻梁直，鼻镜黑色

脚掌厚，脚趾微拱，深色趾甲

胸腹肌肉结实、向上收起

尾巴位于臀部较高的位置，向上卷曲

身体各部位皮肤平滑而细腻，分为硬的上毛和软的下毛

后腿肌肉发达

•驯养注意事项•

四国犬以食肉为主，喂养时要以肉类为主，素食为辅。饲养者要不定期给它一些骨头，方便磨牙。它被毛较短，可用棕刷或梳子为它梳理被毛，每隔一段时间就要给它洗一次澡。四国犬警惕心强，驯养时要多花点耐心和时间来彼此熟悉。

秘鲁无毛犬

秘鲁无毛犬小名片	
别称	印加无毛犬
身高	25 ~ 65 厘米
体重	4 ~ 25 千克
原产地	秘鲁
性格特点	黏人、忠诚、聪明
运动量	跑步速度60分钟×2次/天
用途	宠物犬
易患疾病	皮肤病
耐寒性	耐寒性较差

易驯养性：★ ★ ★

友好性：★ ★ ★ ★

判断力：★ ★ ★

适合初学者：★

健康性：★

社会性、协调性：★ ★ ★

　　秘鲁无毛犬起源于公元前300年至公元1400年。它曾作为食物给人们充饥；也曾作为贵人葬礼上的供品；还曾作为印加帝国的圣犬被人崇拜。由于该犬的数量在不断减少，它已经被提高到国家遗产的地位，其在秘鲁的地位好似大熊猫在中国的地位一样。据了解它发热发烫的皮肤能够有效缓解哮喘病和风湿病。

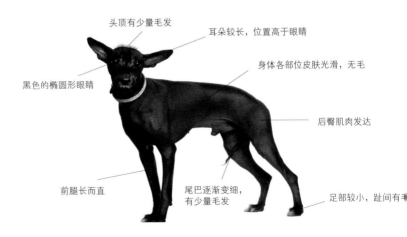

头顶有少量毛发

耳朵较长，位置高于眼睛

身体各部位皮肤光滑，无毛

黑色的椭圆形眼睛

后臀肌肉发达

前腿长而直

尾巴逐渐变细，有少量毛发

足部较小，趾间有

• 驯养注意事项 •

　　秘鲁无毛犬的皮肤摸上去会很烫很热，但它自己却在不停地颤抖，这是它与众不同的特点，并不是生病和感觉冷的表现，无需太过惊慌。该犬无毛，冬天外出时需要给它加件衣服，以免冻伤。它没有皮脂腺，补充油分就必须涂抹婴儿油。

纪州犬

纪州犬小名片	
别称	熊野犬、日高犬
身高	46 ~ 55 厘米
体重	16 ~ 23 千克
原产地	日本
性格特点	聪明、敏锐、警惕
运动量	跑步速度30分钟×2次/天
用途	护卫犬
易患疾病	心脏病
耐寒性	耐寒性较差

易驯养性：★ ★

友好性：★ ★

判断力：★ ★ ★

适合初学者：★ ★ ★

健康性：★ ★ ★ ★

社会性、协调性：★ ★ ★

纪州犬是日本古代犬种的后代，在 1934 年日本指定它为天然纪念物，广受大家喜爱。该犬生长在日本歌山县和三重县周边的丘陵地区，最初被作为狩猎犬追捕熊、野猪等大型野禽。如今因其敏捷的动作和强烈的戒备心被调教为家庭护卫犬，它充满野性的外貌和全身精壮的肌肉让人看了不敢接近，是优秀的看家护卫犬。

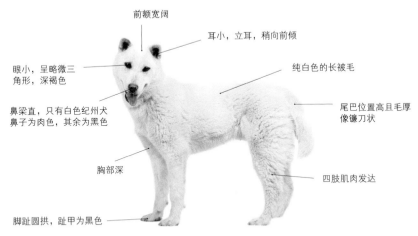

前额宽阔

耳小，立耳，稍向前倾

眼小，呈略微三角形，深褐色

纯白色的长被毛

鼻梁直，只有白色纪州犬鼻子为肉色，其余为黑色

尾巴位置高且毛厚像镰刀状

胸部深

四肢肌肉发达

脚趾圆拱，趾甲为黑色

● 驯养注意事项 ●

　　纪州犬现在仍有狩猎犬粗暴的性格，若没有严格的管教会变得有攻击性。它的外层被毛直硬，内层柔密，需要经常梳理，以保持清洁。平时需要充足的运动，建议生活环境选在农村或郊区。纪州犬体质健康并且容易照顾，不需要饲养者过于费心。

法老王猎犬

法老王猎犬源自埃及，五千年前在埃及法老坟墓中曾出现过它的身影，是最古老的犬种之一。如今它的存在是研究人员探索埃及历史不可多得的重要线索。最初它被作为狩猎犬来抓捕野兔，1979 年，被马耳他政府宣布成为国兽。该犬最大的特点为当它们开心时，琥珀色的眼睛会变为深玫瑰色。

法老王猎犬小名片

别称	猎兔犬、科博特菲勒犬
身高	53 ~ 64 厘米
体重	20 ~ 25 千克
原产地	埃及
性格特点	聪明、友善、顽皮
运动量	跑步速度 60 分钟 ×2 次 / 天
用途	伴侣犬、狩猎犬
易患疾病	皮肤病
耐寒性	耐寒性较差

易驯养性： ★ ★ ★ ★

友好性： ★ ★ ★ ★

判断力： ★ ★ ★ ★

适合初学者： ★ ★

健康性： ★ ★ ★ ★

社会性、协调性： ★ ★ ★

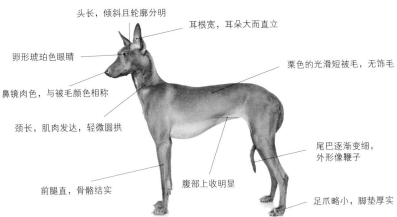

头长，倾斜且轮廓分明

耳根宽，耳朵大而直立

卵形琥珀色眼睛

栗色的光滑短被毛，无饰毛

鼻镜肉色，与被毛颜色相称

颈长，肌肉发达，轻微圆拱

尾巴逐渐变细，外形像鞭子

前腿直，骨骼结实

腹部上收明显

足爪略小，脚垫厚实

● 驯养注意事项 ●

饲养法老王猎犬要每天为它提供干净且凉的饮用水，忌冰水以防刺激肠胃。夏天要不定时修剪脚底毛、腹毛、耳毛，不仅可以帮助散热，还可以避免螨虫滋生而引起皮肤病。每周给它洗澡两次最佳，洗澡后一定要先将毛发吹干，不要在太阳下暴晒也不要在空调下烘干，以减少伤害皮肤的次数。

大型犬

　　大型犬，是指成年时体重在 30 ~ 40 千克，身高在 60 ~ 70 厘米的犬。大型犬体格魁梧，不易驯服，常被用作军犬和警犬。大型犬的饲养要求非常高，选种严格，淘汰率高，一般都由专业部门养殖。大型犬中成年后体重在 41 千克以上，身高在 71 厘米以上的犬种，是最大的一类犬，称为超大型犬，数量较少，如大丹犬、纽芬兰犬等。

马略卡獒犬

马略卡獒犬小名片	
别称	科达布犬
身高	52 ~ 58 厘米
体重	30 ~ 38 千克
原产地	西班牙
性格特点	忠诚、自信、警惕
运动量	跑步速度 60 分钟 ×2 次 / 天
用途	家庭犬、守护犬
易患疾病	眼疾、皮肤病
耐寒性	耐寒性较强

马略卡獒犬在 17 世纪被精心改造成力大无穷的猛犬，以便参加斗牛比赛。到了 20 世纪斗牛运动衰退，于是它成为农场的工作犬，来协助放牧和看守家禽。它对主人的忠诚和遇到危险无畏的性格，使之成为优秀的家庭犬。该犬现在仍旧还保留着其祖先的凶狠和野性，有时遇到其他种类的狗还会有攻击的欲望。

易驯养性： ★ ★ ★
友好性： ★
判断力： ★ ★ ★
适合初学者： ★ ★
健康性： ★
社会性、协调性： ★ ★ ★ ★ ★

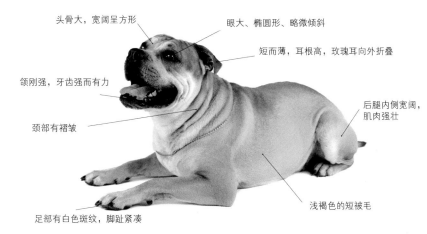

头骨大，宽阔呈方形

眼大、椭圆形、略微倾斜

短而薄，耳根高，玫瑰耳向外折叠

颌刚强，牙齿强而有力

后腿内侧宽阔，肌肉强壮

颈部有褶皱

浅褐色的短被毛

足部有白色斑纹，脚趾紧凑

• 驯养注意事项 •

马略卡獒犬被毛短而浓密，每周梳理 2 ～ 3 次即可。它有着强烈的攻击性，须在幼时进行规范的训练和严格的管教。该犬能够适应城市生活，很少大声吠叫，但需要较为宽敞的活动空间和足够大的运动量，建议饲养者每天带它去室外锻炼。

巨型雪纳瑞犬

巨型雪纳瑞犬小名片	
别称	慕尼黑雪纳瑞
身高	60 ~ 70 厘米
体重	32 ~ 35 千克
原产地	德国
性格特点	警觉、勇敢、聪明
运动量	骑车速度 60 分钟 ×2 次 / 天
用途	伴侣犬、工作犬
易患疾病	关节炎、皮肤病、过敏
耐寒性	耐寒性较强

巨型雪纳瑞犬起源于 15 世纪，是在雪纳瑞犬种的基础上培育改良的新犬种。如今它的外型和小型雪纳瑞犬基本相同，只是体型稍大了些。它最初被用来放牧和驱赶牛羊，逐渐因机警、勇敢、沉着的性格被用作警犬，是工作中值得信赖的伙伴。该犬容易被训练，而且对家庭和主人忠诚，是一只可靠的伴侣犬。

易驯养性：★★★★
友好性：★★★★
判断力：★★★★
适合初学者：★★★
健康性：★★
社会性、协调性：★★★★

头部较长，呈矩形

V 形耳向前折叠，位置较高

眼中等大小，深褐色

尾位较高，竖立

口吻末端呈钝楔形，胡须浓密夸张

大腿粗壮，伴有丛毛

颈部结实，中等粗细，呈弧线形

被毛浓密，呈黑色

足部略小，脚垫厚

● **驯养注意事项** ●

巨型雪纳瑞犬有着很强的好奇心，在室内玩耍时一定要有人陪在身边，避免事故的发生，没人陪伴时可将其归笼。饲养者要多带它享受日光浴，长期傍晚出门可能会导致皮肤脆弱易受伤。该犬被毛浓密，应每天梳理毛发，有助于发现毛皮状态及皮肤疾病。

南非獒犬

南非獒犬小名片	
身高	62 ~ 70 厘米
体重	45 ~ 60 千克
原产地	南非
祖先	欧洲大型獒犬和非洲本土犬
性格特点	听话、聪明、警觉
运动量	跑步速度30分钟×2次/天
用途	家庭犬、守护犬
易患疾病	髋关节发育不良
耐寒性	耐寒性较差

易驯养性：★ ★ ★ ★
友好性：★ ★ ★ ★
判断力：★ ★ ★ ★
适合初学者：★ ★ ★
健康性：★ ★
社会性、协调性：★ ★ ★ ★

南非獒犬的身体结构优于其他任何獒型犬类，能在任何环境和地形下持续工作。它最初作为护卫犬，保护当地农民免受大型野生动物的侵害以及帮助狩猎，最终得到了农民的精心繁殖和保护。聪明又听话的性格，使它对家人和熟悉的人感情非常投入，敏捷的移动速度和强壮的肌肉使它成为优秀的守卫犬。

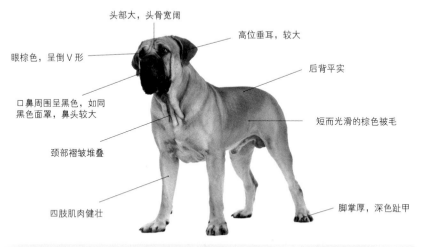

头部大，头骨宽阔

高位垂耳，较大

眼棕色，呈倒 V 形

后背平实

口鼻周围呈黑色，如同黑色面罩，鼻头较大

短而光滑的棕色被毛

颈部褶皱堆叠

四肢肌肉健壮

脚掌厚，深色趾甲

• **驯养注意事项**

　　南非獒犬有些黏人，希望能永远与主人待在一起。若让它长时间单独在家，会做出一些破坏家中物品的行为来表达不满。它对熟悉的人很友好，对陌生人有攻击性。在梳理它的毛发时，应顺毛的方向快速梳拉，同时不要忘记梳理底层细绒毛。

捷克狼犬

捷克狼犬起源于 1955 年，是狼和牧羊犬的混血犬。出生于原捷克斯洛伐克，因此得名。它将牧羊犬的坚毅警觉和狼的高智商、强耐力完美结合在一起，最初被用作军犬进行追踪和护卫，后广泛用于狩猎活动中。尽管现在它忠诚温顺，但因外貌与狼极其相似而被多个国家禁养。

捷克狼犬小名片	
身高	60 ~ 75 厘米
体重	20 ~ 35 千克
原产地	斯洛伐克共和国
祖先	德国牧羊犬、喀尔巴阡狼
性格特点	忠诚、顺从
运动量	跑步速度 60 分钟 ×2 次 / 天
用途	军犬、守卫犬
易患疾病	眼疾、关节炎
耐寒性	耐寒性较强

易驯养性：★ ★

友好性：★ ★ ★

判断力：★ ★

适合初学者：★

健康性：★ ★ ★ ★

社会性、协调性：★ ★ ★ ★

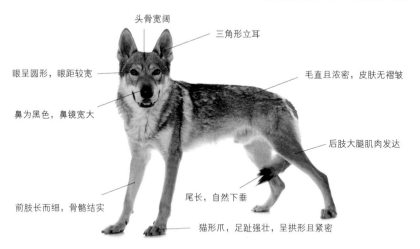

头骨宽阔

三角形立耳

眼呈圆形，眼距较宽

毛直且浓密，皮肤无褶皱

鼻为黑色，鼻镜宽大

后肢大腿肌肉发达

尾长，自然下垂

前肢长而细，骨骼结实

猫形爪，足趾强壮，呈拱形且紧密

• 驯养注意事项 •

　　喂养捷克狼犬较为简单，每天给它新鲜的纯净水和生肉即可。饭后它会自己主动找地方睡觉。因食量较大，饲养者要经常带它出去运动，以避免患上肥胖症。捷克狼犬因长得太像狼被多国禁养，购买时一定要有国外证书。该犬被毛浓密，每天早晚梳理即可。

匈牙利短毛指示犬

匈牙利短毛指示犬曾在 1939 年一度面临绝种危机，1940 年，数只匈牙利短毛指示犬被带到澳洲，通过精心培育繁殖，成功避免了此次绝种危机。该犬体力出众且接受训练的能力高于一般犬类，在追踪猎物过程中有把猎物运回并通知主人地点的能力。它的活泼中带着沉稳和理智，被誉为匈牙利的国犬。

匈牙利短毛指示犬小名片

别称	马扎尔维兹拉犬、威斯拉猎犬
身高	57 ~ 64 厘米
体重	22 ~ 30 千克
原产地	匈牙利
性格特点	活泼、聪明、好奇心强
运动量	跑步速度 60 分钟 ×2 次 / 天
用途	伴侣犬、狩猎犬、家庭犬
易患疾病	腰椎疾病、耳疾
耐寒性	耐寒性较强

易驯养性： ★ ★ ★

友好性： ★ ★ ★

判断力： ★ ★ ★ ★

适合初学者： ★ ★ ★

健康性： ★ ★

社会性、协调性： ★ ★ ★

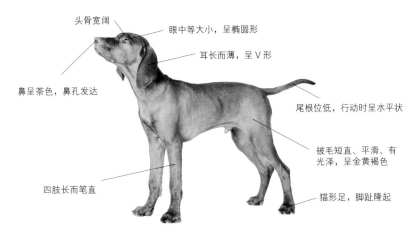

头骨宽阔

眼中等大小，呈椭圆形

耳长而薄，呈 V 形

鼻呈茶色，鼻孔发达

尾根位低，行动时呈水平状

被毛短直、平滑、有光泽，呈金黄褐色

四肢长而笔直

猫形足，脚趾隆起

• 驯养注意事项 •

匈牙利短毛指示犬能适应城市炎热的天气和室内生活，不需要经常梳理被毛，脚趾甲要按时修剪，耳朵眼睛保持清洁，一月洗澡一次最佳。每天应按时定量投喂，防止过肥而患上肥胖症。建议最好每天带它出去运动，来维持健康的状态。

大明斯特兰德犬

大明斯特兰德犬小名片	
别称	格罗塞明斯特兰德沃斯特猎犬
身高	59～61厘米
体重	25～29千克
原产地	德国
性格特点	聪明、顺从、憨厚
运动量	跑步速度60分钟×2次/天
用途	枪猎犬、伴侣犬
易患疾病	皮肤病、髋关节发育不全
耐寒性	耐寒性较强

易驯养性：★★★
友好性：★★★
判断力：★★★★
适合初学者：★★
健康性：★★★
社会性、协调性：★★★★

大明斯特兰德犬因嗅觉灵敏、擅长游泳，受到德国明斯特地区猎人们的青睐，用来日常狩猎。19世纪之前，它有各样的体型和毛色，19世纪后期，就有了明确的区分标准：红褐色和白色相间即为小明斯特兰犬；黑白色相间即为大明斯特兰犬。它们身体强壮、性格温和、对儿童充满耐心，可陪伴孩子一起成长。

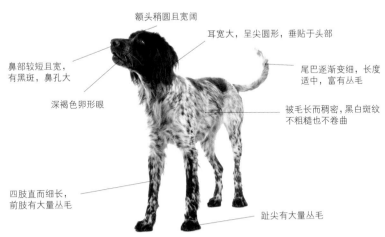

额头稍圆且宽阔

耳宽大，呈尖圆形，垂贴于头部

鼻部较短且宽，有黑斑，鼻孔大

尾巴逐渐变细，长度适中，富有丛毛

深褐色卵形眼

被毛长而稠密，黑白斑纹不粗糙也不卷曲

四肢直而细长，前肢有大量丛毛

趾尖有大量丛毛

• 驯养注意事项 •

大明斯特兰德犬每天需要大量的时间来运动，饲养者可在庭院或开阔的地方陪它玩耍，发泄精力才能保证身心健康，不建议在市内生活。每周两次梳理被毛最佳，宜经常洗澡并检查耳朵，避免疾病发生。喂养时建议定时定点定量，以免饮食不当而肥胖过度。

英国雪达犬

英国雪达犬 小名片	
身高	61 ~ 69 厘米
体重	25 ~ 30 千克
原产地	英国
祖先	西班牙波音达犬
性格特点	聪明、顺从、慈厚
运动量	骑车速度60分钟×2次/天
用途	狩猎犬、伴侣犬
易患疾病	皮肤病、听力障碍
耐寒性	耐寒性较强

易驯养性：	★ ★ ★
友好性：	★ ★ ★ ★
判断力：	★ ★ ★ ★
适合初学者：	★ ★ ★
健康性：	★ ★ ★
社会性、协调性：	★ ★ ★ ★

英国雪达犬出现在13世纪前后，到现在已有700多年的历史，以独当一面的狩猎能力闻名世界。它的能力在野外能够最大限度地发挥：反应迅速且听从指挥，能够追踪和监视猎物位置，发现猎物时会坐下提醒，在实战中是优秀的工作犬。该犬性格温和、安静优雅，能够在日常生活中和孩子和谐相处。

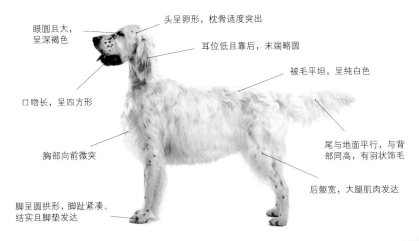

眼圆且大，呈深褐色

头呈卵形，枕骨适度突出

耳位低且靠后，末端略圆

被毛平坦，呈纯白色

口吻长，呈四方形

胸部向前微突

尾与地面平行，与背部同高，有羽状饰毛

后躯宽，大腿肌肉发达

脚呈圆拱形，脚趾紧凑、结实且脚垫发达

● 驯养注意事项 ●

英国雪达犬的个性独立、精力旺盛，需要有大量的运动，不建议在城市生活。该犬被毛平顺且较长，每天花1个小时梳理两次最佳。要经常帮它清理耳垢，洗澡时切忌将水灌入耳朵，避免产生听力障碍的问题。

松狮犬

松狮犬小名片	
别称	獢獢、熊狮犬
身高	46 ~ 56 厘米
体重	20 ~ 32 千克
原产地	中国
性格特点	机警、胆小
运动量	散步速度 30 分钟 × 2 次 / 天
用途	伴侣犬、护卫犬
易患疾病	过敏、眼疾、髋关节发育不全
耐寒性	耐寒性中等

易驯养性： ★ ★
友好性： ★ ★ ★
判断力： ★ ★
适合初学者： ★ ★
健康性： ★ ★
社会性、协调性： ★ ★ ★

至今松狮犬已有 2000 年的历史，曾在汉朝文物中发现过它的痕迹。可能因头部与雄狮相似而得名，是中国的古老犬种之一。区分该犬的主要特征是看舌头颜色：蓝色或蓝紫色则为松狮犬。它虽然表情愁苦，但性格温顺、警惕心强，可作为家庭护卫犬。

额头宽大平坦

耳较小且直立

尾位于臀部较高位置，向上卷曲

眼略小，间距大，偏斜

长短双层被毛，外层被毛密集，纹理较粗

鼻部大且宽，黑色

颈部强壮，肌肉发达

前腿直，骨量足，有丛毛

猫形圆足，趾垫厚

• 驯养注意事项 •

在给松狮犬梳理毛发时，建议毛刷和金属刷交替使用，一层一层逐渐清理。正常情况下它会每两年换毛 1 次，每日都会有掉毛现象，打扫卫生可能会烦琐些。该犬有着极强的警觉心，当家中出现陌生人时，会不停吠叫提醒主人。产仔后的母犬对主人也有戒备心，要时刻注意。

万能梗犬

万能梗犬的名字源于英文"Airedale"溪谷。由于体型庞大、动作灵敏，常被用来帮助猎人捕猎熊、鹿、山猪等野禽。在第一次世界大战时，它被当作守卫和任传令任务的军犬来使用。该犬性格友善，对主人忠诚，面对陌生人会很冷漠。

万能梗犬名片

别称	河畔犬、宾格利犬
身高	56 ~ 61 厘米
体重	20 ~ 30 千克
原产地	英国
性格特点	活泼、固执、顽强
运动量	跑步速度60分钟×2次/天
用途	护卫犬、军犬
易患疾病	髋关节发育不良、皮肤病
耐寒性	耐寒性较强

易驯养性：★ ★ ★ ★

友好性：★ ★ ★

判断力：★ ★ ★ ★

适合初学者：★ ★ ★

健康性：★ ★ ★

社会性、协调性：★ ★ ★

头骨长而平

耳呈 V 形

杏仁眼，小，不凸出

尾位高，向上卷曲

鼻黑，较小

被毛硬、密，覆盖全身及腿部，局部有卷曲或轻度波纹

前腿笔直，肌肉丰满，骨骼结实

前腿笔直，肌肉丰满，骨骼结实

足小而圆，足趾紧凑，有脚垫

● 驯养注意事项 ●

　　万能梗犬最大的优点是不脱毛，方便清洁，定期帮它修剪被毛和洗澡即可。该犬幼时性格良好，饲养者要严格培养和训练；成年后强壮且活力充沛，建议每天坚持带它到室外长时间、长距离跑步。它个性很强，最好不要与其他动物养在一起。

澳大利亚牧羊犬

澳大利亚牧羊犬小名片	
别称	澳牧牧羊犬
身高	46 ~ 58 厘米
体重	16 ~ 32 千克
原产地	美国
性格特点	活泼、聪明、顺从
运动量	散步速度30分钟 ×2次 / 天
用途	工作犬、军犬、观赏犬
易患疾病	眼疾、髋关节发育不全
耐寒性	耐寒性较强

澳大利亚牧羊犬由于能适应多变的气候，有全天候工作的毅力，被培养为军犬，在救助和探寻方面曾做出了较大贡献。它感情丰富、敏捷聪明、好玩但不吵闹，初次见面会有较强警惕性。由于该犬不是有计划地繁育后代，减小它的体型是目前育种专家要达到的一个目标。

易驯养性：	★ ★ ★ ★ ★
友好性：	★ ★ ★ ★
判断力：	★ ★ ★ ★
适合初学者：	★ ★ ★ ★ ★
健康性：	★ ★ ★ ★
社会性、协调性：	★ ★ ★ ★

头骨宽阔，白色不超过3寸

耳呈倒三角形

褐色杏仁眼，眼周色素充足

被毛长而顺畅，略有波浪状

颈和胸部为白色

前腿直而结实，骨骼强壮

卵形足爪，脚趾紧密圆拱

• 驯养注意事项 •

　　饲养澳大利亚牧羊犬需按时给它做清理工作，每周用毛刷和金属梳配合使用梳理两次被毛，确保被毛顺畅。它极易被训练，感情丰富，对主人很依赖，建议主人在家时多给予陪伴。该犬易患病，照顾不周容易发生失聪现象。

大麦町犬

大麦町犬小名片

别称	斑点狗
身高	54 ~ 61 厘米
体重	24 ~ 29 千克
原产地	南斯拉夫
性格特点	聪明、敏锐、好奇心强
运动量	跑步速度60 分钟 ×2 次 / 天
用途	比赛犬、家庭犬
易患疾病	尿道疾病、皮肤病
耐寒性	耐寒性较强

易驯养性: ★ ★ ★ ★
友好性: ★ ★
判断力: ★ ★ ★
适合初学者: ★ ★ ★
健康性: ★ ★ ★ ★
社会性、协调性: ★ ★ ★

　　大麦町犬早在 19 世纪英法国贵族就将其作为护卫犬，跟随马车前后奔跑。它拥有出色的忍耐力和奔跑能力，常被用作比赛犬。该犬有数千年历史，后来大麦町犬被迪斯尼改编进卡通片，广为人知。它肌肉发达，听话易训，警戒心强，温顺活泼，易与小孩相处。

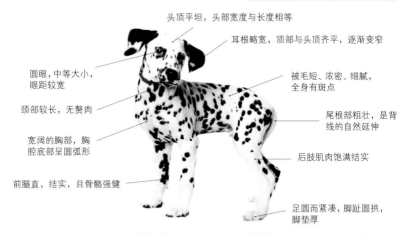

头顶平坦，头部宽度与长度相等

耳根略宽，顶部与头顶齐平，逐渐变窄

圆眼，中等大小，眼距较宽

颈部较长，无赘肉

被毛短、浓密、细腻，全身有斑点

尾根部粗壮，是背线的自然延伸

宽阔的胸部，胸腔底部呈圆弧形

后肢肌肉饱满结实

前腿直，结实，且骨骼强健

足圆而紧凑，脚趾圆拱，脚垫厚

● 驯养注意事项 ●

　　大麦町犬喜欢与人亲近，有时会突然扑在人身上，极易撞倒家中小孩，需时刻关注它的动向。该犬对麻醉药物会产生过敏症状，且它有自身的忍痛限度，超过最低限度，会导致心脏跳动速度减慢。饲养者还要定期为它修剪脚趾甲，避免养成抓撕衣物、沙发布和窗帘的习惯。要每天为大麦町犬梳理毛发，每次保持 10 ~ 15 分钟。

西伯利亚哈士奇犬

西伯利亚哈士奇犬小名片	
别称	西伯利亚雪橇犬
身高	51 ~ 58 厘米
体重	16 ~ 27 千克
原产地	西伯利亚地区
性格特点	忠诚、活泼、好动
运动量	跑步速度 60 分钟 ×2 次／天
用途	宠物犬、伴侣犬、雪橇竞赛犬
易患疾病	白内障、膝盖脱臼、外耳炎
耐寒性	耐寒性中等

易驯养性： ★ ★ ★

友好性： ★ ★ ★ ★

判断力： ★ ★ ★

适合初学者： ★ ★

健康性： ★ ★ ★

社会性、协调性： ★ ★ ★ ★

西伯利亚哈士奇犬是北极游牧民饲养的犬种，最初是被用来拉雪橇，保护村庄，参与捕猎活动。因其独特的嘶哑声造就了它的名字。它的外形像狼，但性格较为温顺，是十足的乐天派，在全球深受喜爱。该犬与拉布拉多犬、金毛犬并列为三大无攻击型犬类。

额头和眉间颜色有白色十字形，双线型，两点眉型

眼圆、蓝色

三角形立耳

鼻部较短且宽，有黑斑，鼻孔大

被毛稍短，双层被毛，毛质较硬

似狐尾，自然下垂

前腿笔直强壮

足呈椭圆形，肉垫紧密，厚实

● 驯养注意事项 ●

西伯利亚哈士奇犬依赖性强，要给予它尽量多的陪伴。它胆小温顺，很少吠叫，从不会主动攻击人类，可放心饲养。该犬食量较小，喂养较为简单。相对于其他种类型的犬，该犬虽本性整洁干净，但也要注意眼睛耳朵的清洁工作。建议日常训练从幼犬开始，成犬后管教较为困难。它被毛浓密厚实，最好选择质量好的梳子和鬃毛刷每天梳理 2 ~ 3 次。

平毛寻猎犬

平毛寻猎犬小名片	
身高	58～62厘米
体重	25～36千克
原产地	英国
性格特点	活泼、顺从、敏感
运动量	散步速度60分钟×2次/天
用途	家庭犬、护卫犬
易患疾病	皮肤病、髋关节发育不全、冠心病
耐寒性	耐寒性较强

易驯养性：★★★★
友好性：★★★
判断力：★★★★★
适合初学者：★★★★
健康性：★★★★★
社会性、协调性：★★★★★

　　平毛寻猎犬是世界上最早的寻回犬之一，拥有猎犬的敏锐和迅猛，对捕捉猎物有着极大的渴望，能够适应不同的环境，成功捕捉不同的水禽和陆上猎物，曾经是猎场最受欢迎的猎犬。现如今它性格温和，聪明活泼但绝不瘦弱，是家庭中最忠诚的伙伴，有着优秀的自我照顾能力，可以成为小孩子共同成长的玩伴。

头部长而平坦　　耳呈三角形自然下垂

中等大小杏仁眼，深褐色或榛色，双眼间距较大

鼻大，鼻孔张开

腿部线条流畅，前肢后有羽状饰毛

被毛顺滑有光泽

直而长的尾巴上有羽状饰

脚趾圆拱，脚垫厚实

● 驯养注意事项 ●

　　平毛寻猎犬在日常生活中不会调皮捣蛋，但喜爱运动，需要主人经常陪同玩耍。该犬很少脱毛，照顾起来较为轻松。如果它的饰毛不是很长只需普通的日常梳理即可。该犬不易生病，但也要按时接种狂犬病疫苗并注意日常清洁与卫生。

拉布拉多寻猎犬

拉布拉多寻猎犬20余年位居"最受人喜爱犬种"榜首，是人们最熟悉和喜欢的犬种之一，也是目前登记数量最多的品种。它智商极高，位列世界犬类智商第六位，与西伯利亚雪橇犬和金毛寻回犬并列三大无攻击性犬类。该犬个性忠诚、活泼、开朗、憨厚，对人很友善，能够和陌生人打成一片。

拉布拉多寻猎犬小名片

别称	拉布拉多
身高	54 ~ 62 厘米
体重	20 ~ 52 千克
原产地	加拿大
性格特点	聪明、顺从、憨厚
运动量	散步速度60分钟×2次/天
用途	导盲犬、看护犬
易患疾病	眼疾、甲状腺功能低下
耐寒性	耐寒性较强

易驯养性：★★★★★
友好性：★★★★★
判断力：★★★★★
适合初学者：★★★★
健康性：★★★
社会性、协调性：★★★★★

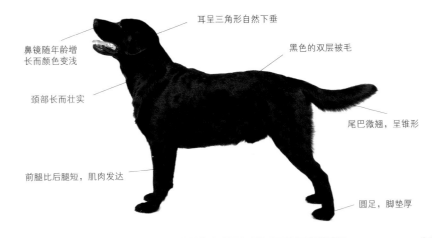

耳呈三角形自然下垂

黑色的双层被毛

鼻镜随年龄增长而颜色变浅

颈部长而壮实

尾巴微翘，呈锥形

前腿比后腿短，肌肉发达

圆足，脚垫厚

● **驯养注意事项** ●

拉布拉多犬智商较高，在幼犬时期就要严格训练，否则成犬会难以驯服。该犬很贪吃，是易胖体质，宜适量喂其肉类食物，并保证它的运动量。它有些黏人，需要主人的长期陪伴与关心。它的被毛短、直且浓密，摸上去非常坚硬，需要每天梳理。

黄金猎犬

黄金猎犬小名片

别称	金毛寻回犬
身高	51 ~ 66 厘米
体重	25 ~ 31.5 千克
原产地	英国
性格特点	友善、顺从、敦厚
运动量	散步速度60 分钟 ×2 次 / 天
用途	导盲犬、宠物狗
易患疾病	白内障、皮肤病
耐寒性	耐寒性较强

黄金猎犬位列世界犬种智商第四名，是最常见的家犬之一。它完全没有攻击性，是为猎捕小型野兽而培养的，游泳能力极佳。黄金猎犬是犬种之中较为冷静、反应灵敏的一种，取悦主人是其重要生活目的。由于其性格过于友善，不怕生，很容易与陌生人打成一片，不适合作为护院犬。

易驯养性： ★ ★ ★ ★ ★

友好性： ★ ★ ★ ★ ★

判断力： ★ ★ ★ ★ ★

适合初学者： ★ ★ ★ ★ ★

健康性： ★ ★

社会性、协调性： ★ ★ ★ ★

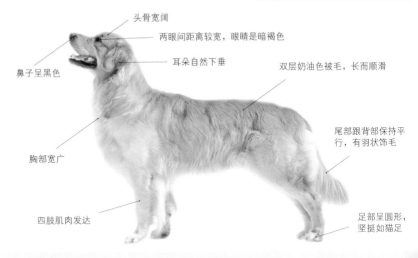

头骨宽阔

两眼间距离较宽，眼睛是暗褐色

鼻子呈黑色

耳朵自然下垂

双层奶油色被毛，长而顺滑

尾部跟背部保持平行，有羽状饰毛

胸部宽广

四肢肌肉发达

足部呈圆形，坚挺如猫足

● **驯养注意事项** ●

　　黄金猎犬喜欢黏着主人且害怕寂寞，不能承受多湿且闷热的气候，绝不能放在室外饲养，要给它尽量多的陪伴。一岁之前，不要带着它跑步，否则会给尚未完全钙化的骨骼带来压力。一岁以后跑步距离可逐渐加长。它被毛丰厚，不容易打结，较易打理。

短毛柯利牧羊犬

短毛柯利牧羊犬小名片	
身高	56～66 厘米
体重	23～24 千克
原产地	英国
性格特点	敏感、温和、忠诚
运动量	跑步速度 60 分钟 ×2 次／天
用途	家庭犬、伴侣犬
易患疾病	眼疾、心脏病、皮肤病
耐寒性	耐寒性较强
被毛颜色	纯黑色、黑白黄相间、棕白相间

易驯养性：★ ★ ★ ★ ★

友好性：★ ★ ★ ★ ★

判断力：★ ★ ★ ★ ★

适合初学者：★ ★ ★

健康性：★ ★ ★ ★

社会性、协调性：★ ★ ★ ★

短毛柯利牧羊犬起源于 16 世纪，多被用于去集市途中驱赶牛羊，粗毛柯利牧羊犬和短毛柯利牧羊犬通常被看作是一个品种中的两个类型，统称柯利牧羊犬。它的性格温和、易被训练、忠诚于主人，可以很好地保护家庭成员和孩子。该犬警惕时耳尖会向前垂并竖起耳朵，但不会随意攻击人类。

杏仁眼，褐色，较小

脖颈修长，白色被毛浓密

前肢细长、笔直

耳朵竖立、耳尖向前垂

背部结实、弧线顺畅

短而平直的双层棕色被毛

尾巴下垂

足呈卵圆形，深色趾甲

●驯养注意事项●

短毛柯利牧羊犬被毛较短，易梳理，每周 2～3 次即可。建议购买 3~5 个月大的幼犬，以便驯化。初期训练时，要多鼓励，发现问题时必须立刻纠正，但每次训练时不要有过多和过于频繁的矫正，否则它会不接受任何训练。训练时切忌粗暴对待，尤其不能打它。

粗毛柯利牧羊犬

粗毛柯利牧羊犬小名片	
身高	56～66 厘米
体重	23～24 千克
原产地	英国
性格特点	敏感、温和、忠诚
运动量	跑步速度 60 分钟 ×2 次 / 天
用途	家庭犬、伴侣犬
易患疾病	眼疾、心脏病、皮肤病
耐寒性	耐寒性较强
被毛颜色	大理石色、黄白色带斑纹

易驯养性：★ ★ ★ ★ ★

友好性：★ ★ ★ ★ ★

判断力：★ ★ ★ ★ ★

适合初学者：★ ★ ★

健康性：★ ★ ★ ★

社会性、协调性：★ ★ ★ ★

粗毛柯利牧羊犬在 19 世纪因出演电视剧而闻名世界，该犬目前在世界上受欢迎的程度名列前茅，维多利亚女王也曾饲养过该犬种。该犬温顺、机敏、工作认真，曾被当作牛羊等牲畜的护卫犬。它本能的喜欢讨好主人，但对陌生人有很强的警戒心，听觉灵敏，距离 500 米之外的声音也能听见，是一只机警的家庭犬。

头部平坦，逐渐变细

半立耳，耳尖向前折叠

中等大小杏仁眼，暗黑色

外层披毛直、粗硬，呈黄色

牙齿排列整齐

颈部整洁有大量饰毛

尾巴长度适中，休息时自然下垂

前肢直，前肢后有丛毛

足爪小，呈卵形

● **驯养注意事项** ●

　　粗毛柯利牧羊犬被毛浓密，需定期梳理和修剪来保持洁净。该犬能积极配合训练，只教几遍便能学会，训练它的时间不可过长，切忌不可打它，日常生活中最好不要用链子把它拴住。它对抗寄生虫药、驱虫药、麻醉类药易过敏，严重的会引发中毒，导致死亡。

杜宾犬

杜宾犬小名片	
别称	多伯曼犬
身高	61～72 厘米
体重	30～45 千克
原产地	德国
性格特点	聪明、胆大、果断
运动量	跑步速度 60 分钟 ×2 次 / 天
用途	警卫犬、家庭犬
易患疾病	关节炎、心脏病
耐寒性	耐寒性较强

杜宾犬是由培育这一品种的人的名字路易斯·杜宾曼先生来命名的，是所有犬类中身体结构最优秀，智商最高的一种。1900 年，该犬被正式承认并且有了详细的区分标准。它胆大、果断、聪明，是天生的军、警两用犬，高居犬类热门排行榜前十的位置。该犬外形凶悍但内心温柔，是家庭犬的理想选择。

易驯养性：★ ★ ★ ★ ★

友好性：★ ★

判断力：★ ★ ★ ★ ★

适合初学者：★

健康性：★ ★ ★

社会性、协调性：★ ★ ★

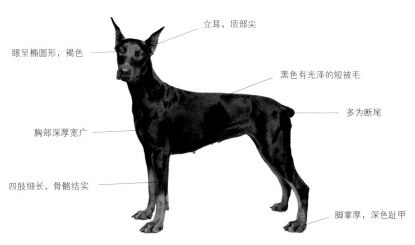

眼呈椭圆形，褐色

立耳，顶部尖

黑色有光泽的短被毛

多为断尾

胸部深厚宽广

四肢细长，骨骼结实

脚掌厚，深色趾甲

● **驯养注意事项** ●

　　杜宾犬有些黏人，喜欢待在主人身边。它耐热怕冷，可长时间待在室内，能适应城市生活。它有体臭，被毛容易脱落，由于被毛短，所以不需要经常梳理。该犬易训练，但好撕咬，不容易与别的动物相处。家中有陌生人，会表现出攻击性。

德国牧羊犬

德国牧羊犬小名片

别称	德国黑背
身高	55 ~ 65 厘米
体重	26 ~ 38 千克
原产地	德国
性格特点	聪明、胆大、忠诚
运动量	骑车速度 60 分钟 ×2 次 / 天
用途	警卫犬、家庭犬、护卫犬
易患疾病	髋关节发育不良、关节炎
耐寒性	耐寒性中等

易驯养性： ★★★★
友好性： ★★★
判断力： ★★★★★
适合初学者： ★★
健康性： ★★★★
社会性、协调性： ★★★

　　德国牧羊犬诞生于 18 世纪，当时养犬仅作为一种风尚和消遣，但它的培育者冯斯蒂法尼茨却认为养犬是为了社会服务。它灵敏的嗅觉和威猛的身躯可帮助军、警边防巡逻、稽查毒品、追捕逃犯，是当时最受欢迎的军、警两用犬。它曾经作为守卫犬参加过第一次世界大战和第二次世界大战，战功卓越。

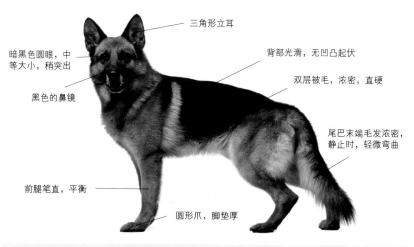

三角形立耳

暗黑色圆眼，中等大小，稍突出

背部光滑，无凹凸起伏

双层被毛，浓密，直硬

黑色的鼻镜

尾巴末端毛发浓密，静止时，轻微弯曲

前腿笔直，平衡

圆形爪，脚垫厚

● 驯养注意事项 ●

　　德国牧羊犬被毛长而浓密，需要每天进行梳理。它属于易胖体质，喂养时一定要控制好分量，以完全干燥的狗粮为主。在室内该犬习惯一直趴着休息，可给它一个用牛骨粉压缩制成的咬胶磨牙来消磨时间。它还需要足够多的运动来维持身体的健康状态。

比利牛斯山地犬

比利牛斯山地犬小名片

别称	大白熊犬
身高	65 ~ 82 厘米
体重	39 ~ 57 千克
原产地	法国比利牛斯山脉
性格特点	自信、聪明、冷静
运动量	散步速度 60 分钟 ×2 次 / 天
用途	守卫犬、救助犬、伴侣犬
易患疾病	关节炎
耐寒性	耐寒性中等

易驯养性： ★ ★ ★ ★

友好性： ★ ★ ★ ★ ★

判断力： ★ ★ ★ ★ ★

适合初学者： ★ ★

健康性： ★ ★ ★ ★

社会性、协调性： ★ ★ ★ ★ ★

比利牛斯山地犬起源于法国，起初被作为马厩的看守犬，后因它能适应各种气候条件，会冷静分析周围情况，被用来看守牛羊群和驱赶野狼。该犬一身纯白色的被毛在任何时候都会显示出与众不同的优雅气质。它性格温和、重感情、喜爱与孩子玩耍，在家人遇到危险时会奋不顾身地奉献自己，深受法国宫廷的喜爱。

头骨宽阔

眼呈黑褐色

茶色 V 形垂耳

被毛长且浓密

尾短，自然下垂

颈部较短

前肢直，强健有力

脚垫厚，脚趾圆拱

• 驯养注意事项 •

比利牛斯山地犬的被毛浓密，能够适应寒冬的气候，但天气炎热时要经常给它修剪和梳理毛发，定期洗澡。它不仅需要足够的食物，适当的运动对它来说也是必须的。虽然现在它较为温和，但仍有着狩猎犬与生俱来的凶狠，会对陌生事物保持高度警惕，幼时一定要严格培养训练。

波索尔犬

波索尔犬小名片	
别称	俄罗斯猎狼犬
身高	69 ~ 79 厘米
体重	35 ~ 48 千克
原产地	俄罗斯
性格特点	顺从、聪明、警惕
运动量	骑车速度 60 分钟 ×2 次 / 天
用途	守卫犬、救助犬、伴侣犬
易患疾病	胃痉挛
耐寒性	耐寒性中等

波索尔在俄语中是"俊朗"的意思，因为它奔跑起来四肢修长、姿势优美，看上去很英俊。它曾被俄罗斯贵族视为珍宝，仅可贵族饲养，是身份的象征。该犬原本被作为猎狼犬培养，靠视觉捕猎，它强健的颈部、敏捷的速度，是捕捉野狼、狐狸等野禽的能手。现在，则是绅士安静的伴侣犬。

易驯养性：★ ★ ★ ★

友好性：★ ★ ★ ★

判断力：★ ★ ★ ★

适合初学者：★ ★ ★

健康性：★ ★ ★

社会性、协调性：★ ★ ★ ★

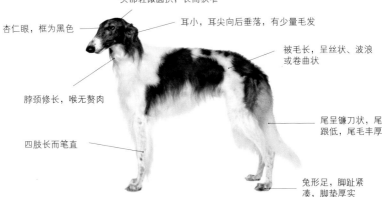

头部轻微圆拱，长而狭窄

杏仁眼，框为黑色

耳小，耳尖向后垂落，有少量毛发

被毛长，呈丝状、波浪或卷曲状

脖颈修长，喉无赘肉

尾呈镰刀状，尾跟低，尾毛丰厚

四肢长而笔直

兔形足，脚趾紧凑，脚垫厚实

• 驯养注意事项 •

波索尔犬有着双层被毛，要经常帮它修剪和梳理被毛，夏天尽量给它一个凉爽舒适的环境，以免受到烈日伤害。该犬感情丰富，不愿独处，会时常撒娇来博取主人的关注和陪伴。它对陌生人有很强的警惕心，对其他犬类有攻击性，因此需要主人严格训练。喂养时尽可能少食多餐，不要给它坚硬的食物，避免患上胃痉挛等肠胃疾病。

德国拳师犬

德国拳师犬小名片	
身高	53～64厘米
体重	25～32千克
原产地	德国
性格特点	聪明、顺从、温和
运动量	骑车速度60分钟×2次/天
用途	军用犬、导盲犬、救援犬
易患疾病	胃痉挛、髋关节发育不良、风湿病
耐寒性	耐寒性中等

易驯养性：★★★
友好性：★★
判断力：★★★
适合初学者：★★
健康性：★★
社会性、协调性：★★★★

德国拳师犬是由比利时的土著犬种和斗牛獒犬交配而成的，目的是作为斗犬来参加比赛。名字来源于英语"boxer"，象征着战斗的英勇姿态。它有着易于训练、四肢有力、身体健壮的生理优势，是导盲犬、救援犬和军用犬的优良犬种。该犬性格温和，但遇到突发事件，能够敏锐准确地判断周围的情况，是值得信赖的家庭犬。

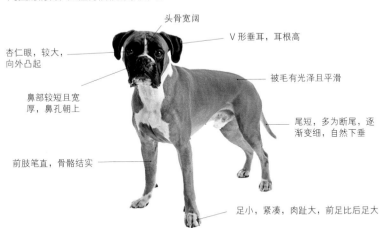

头骨宽阔

V形垂耳，耳根高

杏仁眼，较大，向外凸起

被毛有光泽且平滑

鼻部较短且宽厚，鼻孔朝上

尾短，多为断尾，逐渐变细，自然下垂

前肢笔直，骨骼结实

足小，紧凑，肉趾大，前足比后足大

● 驯养注意事项 ●

德国拳师犬是一种比较固执的犬，如果遇到值得信赖的主人，会对其忠贞不二，如果遇到不喜欢的主人，则会对其有一定的攻击性，建议购买幼犬从小进行严格的训练。该犬情绪脆弱，在训练时，最好语气温和，切忌体罚，否则会起到相反的训练效果。此犬体毛短，体臭少，打理十分方便。

大丹犬

大丹犬小名片	
别称	伯尔尼山犬
身高	70 ~ 81 厘米
体重	45 ~ 54 千克
原产地	德国
性格特点	黏人、顺从、忠诚
运动量	散步速度 60 分钟 ×2 次 / 天
用途	家庭犬、守卫犬
易患疾病	胃痉挛
耐寒性	耐寒性较强

易驯养性：★ ★ ★ ★ ★

友好性：★ ★ ★ ★ ★

判断力：★ ★ ★ ★

适合初学者：★ ★

健康性：★ ★ ★ ★

社会性、协调性：★ ★ ★ ★

　　大丹犬的名字是从其法语"巨大的丹麦犬"翻译而来的。最初它被作为猎犬用于捕捉野狼和野猪等大型动物，后来又被作为斗犬和守卫犬。在中世纪，饲养大丹犬代表着贵族的身份和地位。据了解它的身高曾经达到过 105.4 厘米，是所有犬种中身高最高的世界纪录保持者。它外表肌肉丰满、高贵优雅，有人称它为太阳神的犬。

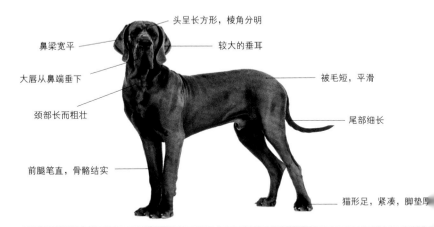

头呈长方形，棱角分明

鼻梁宽平

较大的垂耳

大唇从鼻端垂下

被毛短，平滑

颈部长而粗壮

尾部细长

前腿笔直，骨骼结实

猫形足，紧凑，脚垫厚

● 驯养注意事项 ●

　　大丹犬寿命较短，只有十年。它身形硕大，饲养者要有较大的空间让它得以活动自如。大丹犬有些黏人，极不喜欢室外活动，每天须强制性带它出去，有足够的运动量才能避免疾病的发生。它对熟悉的人很友善，甚至会容忍谦让，但对于和它体型相仿的生物，不十分友好。它的毛发短平，每天用短毛刷梳理，可有效地清除毛发上污垢，促进血液循环。

罗威纳犬

目前罗威纳犬有三个类型：德系、德系改良和美系，其中德系改良的犬比较受大众欢迎。在罗马时代，它聪明警觉冷静的性格曾被用来看守和放牧牛群；在中世纪，曾经作为商人钱财的保护犬；如今的它作为警犬能够服从命令，冷静分析周围情况。该犬有很强的自我意识和反抗意识，如果和主人没有相互信任，很容易发生危险情况。

罗威纳犬小名片	
别称	罗威纳、洛威拿、罗特威勒
身高	58 ~ 69 厘米
体重	38 ~ 59 千克
原产地	德国
性格特点	冷静、忠诚
运动量	跑步速度 60 分钟 × 2 次 / 天
用途	导盲犬、救灾犬、家庭犬
易患疾病	关节炎
耐寒性	耐寒性较差

易驯养性：★★★
友好性：★★
判断力：★★★★★
适合初学者：★★
健康性：★★★
社会性、协调性：★★★★

头骨宽阔，前额隆起

杏核眼，中等大小，古铜色

鼻宽，呈黑色

前腿直，比后肢略短，肌肉发达

耳根高，呈三角形下垂

被毛较短，光滑平顺

尾根高，部分断尾

足爪圆、紧凑、脚趾圆拱

● 驯养注意事项 ●

在喂养罗威纳犬时可给它吃一些水果、半熟的碎菜和煮烂的五谷杂粮。这些食物都不能有盐分。罗威纳犬是易胖体质，需要大量的运动来消耗食物带来的能量。如能给它一个可自由奔跑的环境和空间最好，骑着自行车陪它一起跑也是不错的选择。它的被毛虽短也须每天梳理。

魏玛猎犬

魏玛猎犬起源于德国魏玛地区，因此得名。最初被用来捕猎鹌鹑、野鸡和水鸭等小型猎物，同时因搜寻猎物时走路的节奏跟猎人很协调，被人称为"绅士枪猎犬先生"。它与其他猎犬不同的是：用嗅觉全方位仔细搜索而不依靠速度，且不会离猎人视线范围太远。尽管它是一个接近万能的猎犬品种，但仍有部分猎人对它存在偏见。

魏玛猎犬小名片

身高	58.4 ~ 68.5 厘米
体重	25 ~ 38 千克
原产地	德国
性格特点	黏人、憨厚、敏捷
运动量	跑步速度 60 分钟 ×2 次 / 天
用途	家庭犬、狩猎犬
易患疾病	血友病、髋关节发育不全
耐寒性	耐寒性较差
被毛颜色	鼠灰色、银灰色

易驯养性：★★★★

友好性：★★★

判断力：★★★★

适合初学者：★★

健康性：★★★

社会性、协调性：★★★★

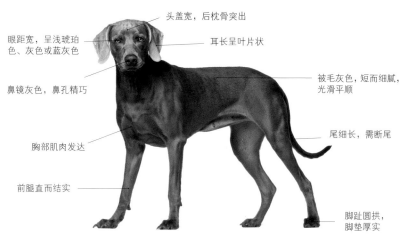

头盖宽，后枕骨突出

耳长呈叶片状

眼距宽，呈浅琥珀色、灰色或蓝灰色

被毛灰色，短而细腻，光滑平顺

鼻镜灰色，鼻孔精巧

尾细长，需断尾

胸部肌肉发达

前腿直而结实

脚趾圆拱，脚垫厚实

• 驯养注意事项 •

魏玛猎犬有些黏人、喜欢安静，不常吠叫，有时会跟在主人的身后走来走去。它耐热怕冷，有柔软的短被毛，不需要经常梳理，冬天要注意给它采取一定的保暖措施。此犬敏感脆弱，训练时，态度不应过于严厉，不能用打骂的粗暴手段对待它。

圣伯纳犬

圣伯纳犬小名片

别称	阿尔卑斯山獒
身高	65 ~ 70 厘米
体重	50 ~ 90 千克
原产地	瑞士
性格特点	黏人、憨厚、顺从
运动量	散步速度60分钟 ×2次 / 天
用途	家庭犬
易患疾病	关节炎、胃溃疡
耐寒性	耐寒性中等

早在 18 世纪，阿尔卑斯山的教士们饲养圣伯纳犬是为了寻找失踪的人和作为山中的向导。一只名叫"黑蒙"的圣伯纳犬因在山中成功救出40 名幸存者，立下了伟大的功绩而闻名世界。它是瑞士的国宝，世界上体型和平均体重最大的犬种之一。该犬性格温顺，忠于主人，喜欢和小朋友玩耍，是一种很好的家庭犬。

易驯养性： ★ ★

友好性： ★ ★ ★ ★

判断力： ★ ★ ★ ★ ★

适合初学者： ★ ★

健康性： ★ ★ ★

社会性、协调性： ★ ★ ★ ★

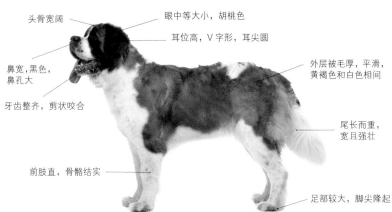

头骨宽阔

眼中等大小，胡桃色

耳位高，V 字形，耳尖圆

鼻宽，黑色，鼻孔大

外层被毛厚，平滑，黄褐色和白色相间

牙齿整齐，剪状咬合

尾长而重，宽且强壮

前肢直，骨骼结实

足部较大，脚尖隆起

● **驯养注意事项** ●

圣伯纳犬的毛发长且浓密，需每天梳理1次，每次5分钟。它会用自己独特的气味来标注领地，有很强的领地意识，并且会试图更新领地。当陌生犬种进入自己领地时，它会变得十分谨慎甚至具有攻击性。每次喂食后要记得给它刷牙，如食物残渣在牙齿上大量囤积，会导致它口气严重，不仅影响其食欲还会使其患上胃溃疡。

大瑞士山地犬

大瑞士山地犬小名片	
身高	60 ~ 72 厘米
体重	59 ~ 61 千克
原产地	瑞士
祖先	斗牛獒犬
性格特点	忠诚、可靠、勇敢
运动量	跑步速度 60 分钟 × 2 次 / 天
用途	工作犬
易患疾病	皮肤病、髋关节发育不良
耐寒性	耐寒性较强

易驯养性： ★ ★ ★ ★ ★

友好性： ★ ★ ★ ★

判断力： ★ ★ ★ ★ ★

适合初学者： ★ ★

健康性： ★ ★ ★ ★

社会性、协调性： ★ ★ ★ ★

19 世纪之前，大瑞士山地犬数量极少，濒临灭绝。在瑞士的四种猎犬中，大瑞士山地犬是体型最古老的一种。1908 年著名的犬类学家阿尔伯特号召人们来保护并培养该犬种。1939 年该犬种被瑞士境内所承认。最初，它作为工作犬被农民用于拉车、放牧和保护牲畜。现今它作为警觉的家庭犬，深受大家喜爱。

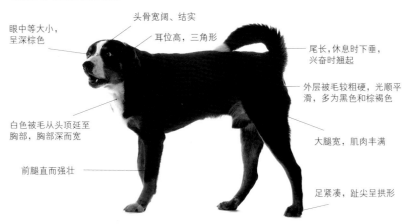

头骨宽阔、结实

眼中等大小，呈深棕色

耳位高，三角形

尾长，休息时下垂，兴奋时翘起

外层被毛较粗硬，光顺平滑，多为黑色和棕褐色

白色被毛从头顶延至胸部，胸部深而宽

大腿宽，肌肉丰满

前腿直而强壮

足紧凑，趾尖呈拱形

• **驯养注意事项** •

由于大瑞士山地犬体型过大，最好专门为它在冬暖夏凉的地方准备一个房间，购买一些咬胶或者磨爪板来方便它自己活动。该犬被毛虽短，但也要经常梳理，时刻保持干净与整洁。成年犬运动量较大，但老年犬体力下降，食欲缩小，喂养时要根据它不同时期的不同状态来准备食物分量。

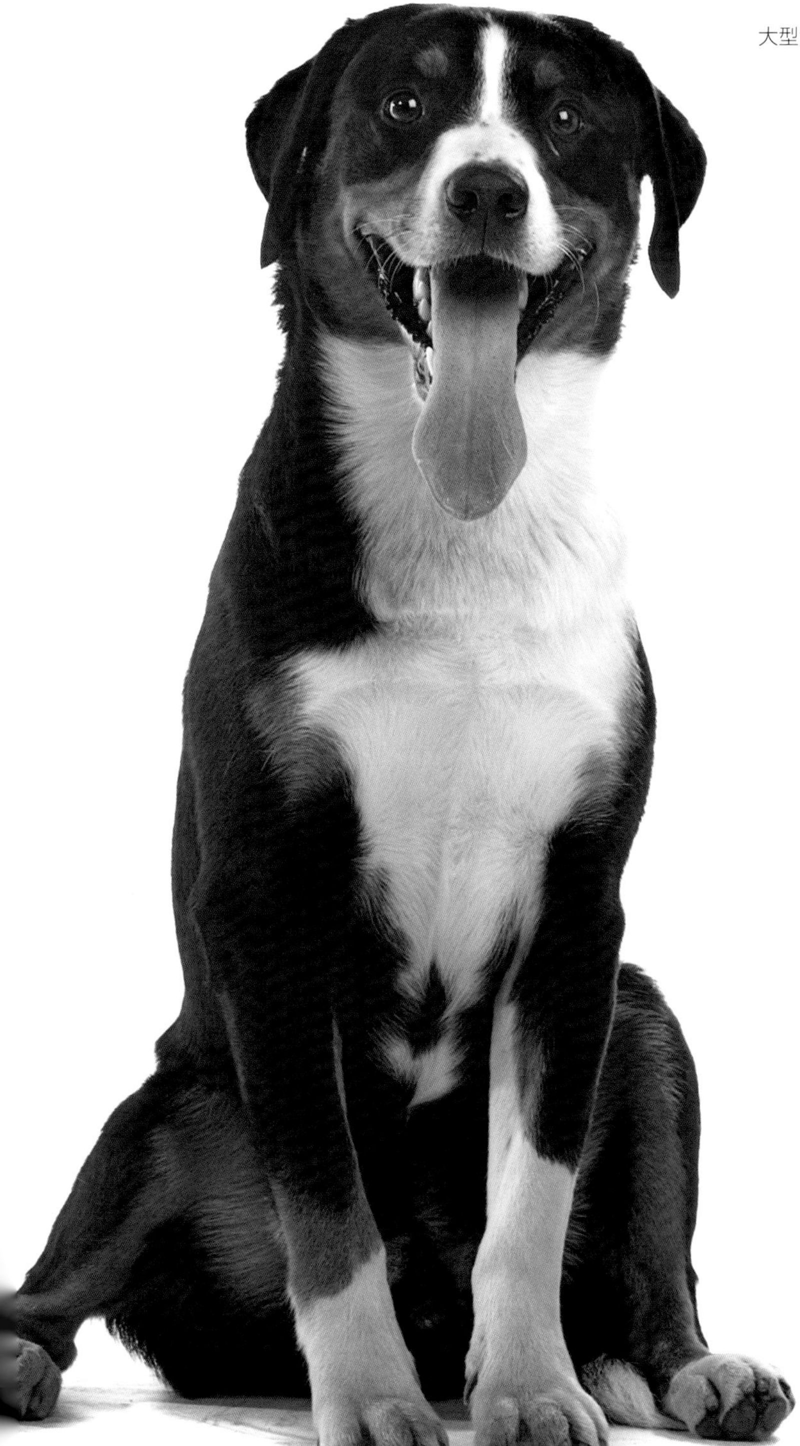

俄罗斯黑梗犬

俄罗斯黑梗犬源于 1940 年，是为了军队的需求，将罗威纳犬、巨型狐狸犬、亚特雷梗和本土黑梗这四种犬杂交培育出来的。该犬将其祖先大型的身躯、强健的体魄、凶猛的性格和坚韧的毅力等优点合于一身，给人一种自信勇敢的感觉，它拥有高警惕性和清醒的头脑，现今仍担任着搜救犬、警犬的角色，在俄罗斯境内承担着多种用途。

俄罗斯黑梗犬小名片

别称	俄罗斯黑爹利
身高	63 ~ 75 厘米
体重	40 ~ 65 千克
原产地	俄罗斯
性格特点	忠诚、警惕、聪明
运动量	跑步速度 60 分钟 ×2 次 / 天
用途	守卫犬、工作犬
易患疾病	髋关节发育不良、皮肤病
耐寒性	耐寒性中等

易驯养性：★ ★ ★ ★ ★
友好性：★ ★ ★
判断力：★ ★ ★ ★
适合初学者：★
健康性：★ ★ ★
社会性、协调性：★ ★ ★ ★

头骨结实

深色椭圆形眼

耳位高，呈三角形

黑色的双层被毛覆盖全身，被毛密集且乱

鼻部较短且宽，有黑斑，鼻孔大

尾位较高，尾巴较粗

四肢笔直，骨架大

较大的圆形足爪，脚垫厚，趾甲呈黑色

● 驯养注意事项 ●

俄罗斯黑梗犬警惕心高，但却不会无缘无故攻击其他人，甚至还对陌生人十分冷漠、不予理睬。它的被毛浓密，要每天进行梳理。它适应能力强，可以在城市生活，建议居住条件不好的人放弃饲养该犬。该犬需要很大的运动量，饲养者最好空余时间充裕，养狗经验丰富，给它较多的陪伴与关心。

霍夫瓦尔特犬

霍夫瓦尔特犬小名片

身高	55 ~ 70 厘米
体重	25 ~ 40 千克
原产地	德国
性格特点	忠诚、憨厚
运动量	跑步速度 60 分钟 ×2 次 / 天
用途	家庭犬
易患疾病	髋关节发育不良、皮肤病
耐寒性	耐寒性中等
被毛颜色	黑色、黑褐色、金黄色

易驯养性： ★ ★ ★ ★ ★

友好性： ★ ★ ★ ★ ★

判断力： ★ ★ ★ ★ ★

适合初学者： ★ ★ ★ ★

健康性： ★ ★ ★

社会性、协调性： ★ ★ ★ ★

　　霍夫瓦尔特犬源于 13 世纪的德国，这个名字源于德文，翻译过来意思是"守护资产的卫士"。其外貌酷似金毛寻猎犬，该犬在中世纪时作为农场的守卫犬，保护家禽并且驱赶野兽。有记载显示，在 15 世纪该犬曾追击过盗贼，保护主人的家庭财产不受侵害。该犬种曾一度濒临灭绝，1980 年才首次出现，现今数量不足千只。

头骨宽阔，前突

眼呈椭圆形，大小适中

下垂的三角形耳朵

臀部稍向下倾斜

鼻部较短且宽，有黑斑，鼻孔大

尾巴下垂超过跗关节

金黄色的双层长被毛

四肢有力，前腿背面有饰毛

椭圆形足爪，颜色与体毛保持一致

● 驯养注意事项 ●

　　霍夫瓦尔特犬被毛长，需要每天早晚各梳理 1 次。它对主人很忠诚、脾气温和，能和孩子相处得很好。与同性别的犬相处可能会有攻击行为，需饲养者在幼犬时就进行合理的培训与管教。它喜爱的生活环境不在城市，适应不了炎热的气候，习惯睡在户外和感受凉爽的温度，郊区、乡村和农场是它心仪的居住环境。

加纳利犬

加纳利犬起源于 19 世纪，顽强不屈的性格使它作为斗犬被大量培育。20 世纪中期，随着法律的禁止，该犬种数量骤减，濒临灭绝。在兽医的持续努力后，加纳利犬数量有所上升，才挽救了这一局面。此犬性格暴躁，容易激动，有时会不受控制，是伤人及至死最多的犬种，故而在部分国家被禁养。

加纳利犬小名片

别称	西班牙加纳利獒犬
身高	56 ~ 65 厘米
体重	40 ~ 50 千克
原产地	西班牙
性格特点	忠诚、顽强、警惕性强
运动量	跑步速度 60 分钟 ×2 次/天
用途	斗犬、伴侣犬
易患疾病	皮肤病
耐寒性	耐寒性较强

易驯养性：★ ★ ★
友好性：★ ★
判断力：★ ★ ★
适合初学者：★
健康性：★ ★ ★ ★
社会性、协调性：★ ★ ★

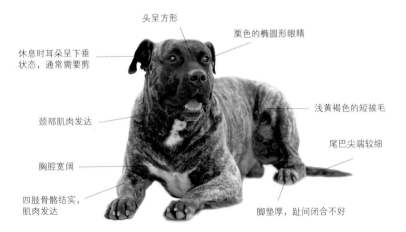

头呈方形

栗色的椭圆形眼睛

休息时耳朵呈下垂状态，通常需要剪

浅黄褐色的短被毛

颈部肌肉发达

尾巴尖端较细

胸腔宽阔

四肢骨骼结实，肌肉发达

脚垫厚，趾间闭合不好

• 驯养注意事项 •

加纳利犬精力充沛，性格暴躁，不适合做小孩的伙伴，会对其他犬类表现出攻击性，出门后可能会经常惹麻烦。它能适应城市生活，但不容易被训练，对陌生人会保持警惕，对主人忠诚信赖。该犬被毛不长，不需要经常修剪，每天一次帮它梳理即可。

兰西尔犬

兰西尔犬小名片

别称	黑白纽芬兰犬
身高	66 ~ 72 厘米
体重	50 ~ 60 千克
原产地	瑞士、德国
性格特点	聪明、重感情
运动量	跑步速度 60 分钟 ×2 次 / 天
用途	伴侣犬、守卫犬
易患疾病	关节炎、外耳炎
耐寒性	耐寒性中等

易驯养性：★ ★ ★ ★

友好性：★ ★ ★ ★

判断力：★ ★ ★ ★

适合初学者：★ ★

健康性：★ ★ ★

社会性、协调性：★ ★ ★

　　"兰西尔犬"这一名字是以 19 世纪著名动物画家伊文·兰西尔之名命名的。他将该犬的表情变化、撒娇黏人和与主人之间的细腻感情栩栩如生地展现在画中，使之扬名世界，被世界各国熟知。兰西尔犬精通水性，最初被渔民用来协助捕鱼，后因能够拖动重物的本领被看重，精心改良和训练之后，为救助海难者发挥了重要作用，是最有能力的工作犬之一。

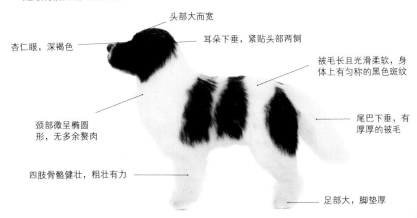

头部大而宽

杏仁眼，深褐色

耳朵下垂，紧贴头部两侧

被毛长且光滑柔软，身体上有匀称的黑色斑纹

颈部微呈椭圆形，无多余赘肉

尾巴下垂，有厚厚的被毛

四肢骨骼健壮，粗壮有力

足部大，脚垫厚

● 驯养注意事项 ●

　　兰西尔犬逻辑思维能力较差，只能通过不断的记忆来学习，在训练管教时一定要有耐心，千万不能拔苗助长操之过急。它善游泳但被毛较长，可将其身体下垂的多余毛发修剪干净。洗澡的时候最好用棉花将它的耳朵塞住，以免耳朵进水引起外耳炎。该犬有些黏人，讨厌独处，饲养者不要把它经常关在室内，应给它一个较大的生存活动空间。

秋田犬

秋田犬小名片	
身高	60 ~ 71 厘米
体重	34 ~ 50 千克
原产地	日本
祖先	玛塔吉犬
性格特点	聪明、顺从、重感情
运动量	跑步速度 60 分钟 ×2 次／天
用途	狩猎犬、伴侣犬
易患疾病	髋关节发育不全、甲状旁腺功能减退
耐寒性	耐寒性中等

易驯养性：★★★

友好性：★★

判断力：★★★★

适合初学者：★★★

健康性：★★★★

社会性、协调性：★★★

秋田犬的名字是根据它的发源地日本秋田县而得名的，是日本最大的狐狸犬种。1931 年日本政府将秋田犬定为国犬，最初秋田犬被村民用于狩猎，帮助猎杀野禽和寻找猎物。在古代，秋田犬只有贵族才可以拥有，其等级和主人的地位息息相关。秋田犬忠诚、重感情的性格因电影"忠犬八公"而被世人熟知，深受喜爱。

眼睛呈椭圆形，向根部倾斜

黑色鼻镜，鼻梁直

口吻部呈锥型，嘴角微微上扬

脖颈粗壮、结实

四肢骨骼健壮有力

耳朵呈三角形竖立

尾巴较大，卷曲在背

浓密的双层被毛，头腿和耳的被毛最短

四肢强壮、肌肉发达

足部呈椭圆形，脚垫较厚

● 驯养注意事项 ●

秋田犬从幼犬开始就要进行严格的训练，可多带它到户外，培养与外人和谐相处的习惯。喂养时切忌把洋葱、蒜头等有刺激性的食物给它吃，严重的会造成贫血病。洗澡前可先给它梳理开打结的被毛，用棉花堵住耳朵。它的被毛虽短也要每天进行梳理。

爱尔兰红色蹲猎犬

爱尔兰红色蹲猎犬小名片	
身高	64 ~ 69 厘米
体重	27 ~ 32 千克
原产地	爱尔兰
祖先	西班牙指示犬、猎犬
性格特点	活泼、友好、顽固
运动量	跑步速度 60 分钟 ×2 次 / 天
用途	狩猎犬
易患疾病	眼疾、皮肤病
耐寒性	耐寒性较强

易驯养性：★ ★ ★ ★
友好性：★ ★ ★ ★
判断力：★ ★ ★ ★
适合初学者：★ ★ ★
健康性：★ ★ ★
社会性、协调性：★ ★ ★

爱尔兰红色蹲猎犬起源于 18 世纪，当时的被毛为红白色相间，到 19 世纪被毛则变为以红棕色为主，被毛颜色的改变也获得了更多人的喜爱。它灵敏的嗅觉和迅速的奔跑能力，使之成为一名优秀的猎犬。当追踪到猎物痕迹时，它会通过蹲在地上不动来告诉猎人信息。该犬性格活泼，但易情绪激动，需要在幼时开始严格的训练。

琥珀色眼睛
杏核形

鼻子呈黑色或赭色

颈部略呈弧形

前腿直，后侧丛毛丰富

头小，头盖骨圆型枕骨突出

耳位低，自然下垂

被毛略带波浪型，红棕色，沿腿后部、腰部及尾巴处有丛毛

足小，足趾坚硬、紧凑

● 驯养注意事项 ●

爱尔兰红色蹲猎犬对主人忠诚，十分喜欢小孩子。生活中它会尽可能陪伴在主人的身边。它精力充沛，喜欢与跟主人一起嬉戏，所以饲养它需要较大的运动量，不建议没有时间陪他玩耍的人群饲养。也可适当给它做一些敏捷性、聚会与社交的训练，来保持它的身心健康。爱尔兰红色蹲猎犬的被毛较长，需要每天梳理，以防缠结。

萨路基猎犬

萨路基猎犬小名片

别称	阿拉伯猎犬、猎羚犬、波斯灵缇
身高	58 ~ 71 厘米
体重	16 ~ 29 千克
原产地	伊朗
性格特点	自信、友善、温驯
运动量	跑步速度 60 分钟 ×2 次 / 天
用途	伴侣犬、狩猎犬
易患疾病	心脏病
耐寒性	耐寒性较强

易驯养性：★ ★ ★ ★
友好性：★ ★ ★ ★
判断力：★ ★ ★ ★
适合初学者：★ ★ ★
健康性：★ ★ ★
社会性、协调性：★ ★ ★

　　萨路基猎犬起源于公元前 3000 年，曾在古埃及的墓中发现萨路基犬的身影，它是能够和法老一起被做成木乃伊的稀少犬种之一。萨路基猎犬有着飞快的奔跑速度和能够穿越沙漠的非凡能力，它可以根据法老的猎鹰给出的提示，飞速地抓到羚羊，是当之无愧的狩猎犬。

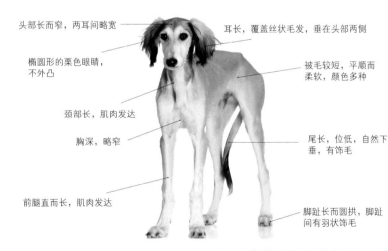

头部长而窄，两耳间略宽

椭圆形的栗色眼睛，不外凸

颈部长，肌肉发达

胸深，略窄

前腿直而长，肌肉发达

耳长，覆盖丝状毛发，垂在头部两侧

被毛较短，平顺而柔软，颜色多种

尾长，位低，自然下垂，有饰毛

脚趾长而圆拱，脚趾间有羽状饰毛

● 驯养注意事项 ●

　　萨路基猎犬是著名的狩猎犬种，有着与生俱来的攻击性和狩猎性，要在幼犬时期就严格的训练和管教，以免成年后不听控制、不服管教。主人要给它一个舒适且较大的生活环境，最好每天早晚带它出去活动筋骨。它的被毛短而柔顺，每周梳理 2 ~ 3 次即可。

纽芬兰犬

纽芬兰犬小名片	
别称	阿拉伯猎犬、猎羚犬、波斯灵缇
身高	58 ~ 71 厘米
体重	16 ~ 29 千克
原产地	伊朗
性格特点	自信、友善、温驯
运动量	跑步速度60分钟×2次/天
用途	伴侣犬、狩猎犬
易患疾病	心脏病
耐寒性	耐寒性较强

易驯养性： ★ ★ ★ ★

友好性： ★ ★ ★ ★

判断力： ★ ★ ★ ★

适合初学者： ★ ★ ★

健康性： ★ ★ ★

社会性、协调性： ★ ★ ★

纽芬兰犬起源于18世纪。其厚实的被毛可帮它抵御严寒，旺盛的体力还可让它不知疲倦地工作。最初被作为工作犬帮渔民拖拉渔网和托运货物，后被作为搜救犬在海难中寻找遇难者。在二战期间恶劣的环境下，它还担任着给军队运送弹药的重任。现今它温顺的性格和庞大的身躯可保护孩子不受伤害，是最受欢迎的家庭犬种之一。

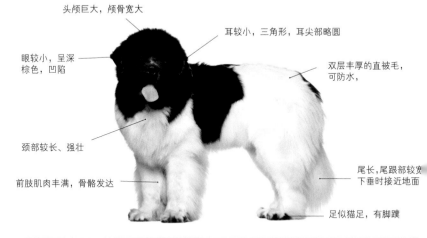

头颅巨大，颅骨宽大

耳较小，三角形，耳尖部略圆

眼较小，呈深棕色，凹陷

双层丰厚的直被毛，可防水，

颈部较长、强壮

尾长，尾跟部较宽下垂时接近地面

前肢肌肉丰满，骨骼发达

足似猫足，有脚蹼

●驯养注意事项●

纽芬兰犬体型较大，适合宽敞的空间以方便活动。该犬被毛长且厚，需经常梳理，它能适应寒冬，但忍受不了酷夏，建议给它一个凉爽的环境。还需要较长的运动时间和大量的肉食补充。若经过大量运动摩擦后，脚趾甲仍然很长，需向专业人士或宠物中心寻求帮助。

阿富汗猎犬

阿富汗猎犬小名片	
别称	喀布尔犬
身高	65 ~ 74 厘米
体重	23 ~ 27 千克
原产地	阿富汗
性格特点	温顺、独立、好动
运动量	骑车速度 60 分钟 ×2 次 / 天
用途	狩猎犬、家庭犬、观赏犬
易患疾病	关节炎、过敏
耐寒性	耐寒性较强

易驯养性：★★
友好性：★★
判断力：★★★
适合初学者：★★
健康性：★★★
社会性、协调性：★★★★

　　因 19 世纪在阿富汗地区发现此犬，故该犬因此得名。古埃及遗迹中曾发现与它相似的图案，是现存最古老的猎犬犬种之一。该犬最初作为狩猎犬来帮助猎人追踪猎物和抓捕羚羊和雪豹。现今该犬因柔顺的被毛和优美的姿态，散发出高贵的气质，有极高的观赏性。在国外，它是唯一可以进入五星级酒店的犬种。

深色的杏仁眼

耳长，被长丝状的毛发所覆盖

牙齿钳状咬合

尾巴细长，微微上翘

浓密、丝状的被毛，质地细腻

后腿有力，肌肉发达

前腿短、粗，骨骼结实

脚趾圆拱，足爪上覆盖着浓厚的长被毛，脚垫大

● 驯养注意事项 ●

　　阿富汗猎犬能适应城市生活，喜欢现代化住宅，耐热耐寒，不需要特别照顾。它活泼好动，但在室内很安静，少吠叫，最好每天带它到户外运动。该犬喜水，看到水就会跳进去，主人需要格外注意。被毛需要每天梳理，每月洗澡两次，以免被毛过长吸附螨虫而患上皮肤病。

古代英国牧羊犬

古代英国牧羊犬小名片	
别称	截尾犬
身高	53 ~ 61 厘米
体重	25 ~ 35 千克
原产地	英国
性格特点	憨厚、可靠、顺从
运动量	散步速度 60 分钟 ×2 次 / 天
用途	家庭犬、放牧犬
易患疾病	皮肤病、关节炎
耐寒性	耐寒性中等

易驯养性：★ ★ ★

友好性：★ ★

判断力：★ ★ ★

适合初学者：★ ★

健康性：★ ★

社会性、协调性：★ ★ ★ ★

在古代英国，饲养该犬种是因为它可以帮助农民放牧牲畜，并将家禽驱赶到集市上。它是英国最古老的牧羊犬种之一。刚出生的幼犬全身覆盖着纯黑色或纯白的被毛，随着年龄的增长，才会换成灰色被毛。该犬性格温和、很有主见，而且可以照顾儿童，是一种优秀的家庭犬。

头部呈正方形

耳朵紧贴头部两侧

眼呈褐色或蓝色，常被头顶的毛发遮住

被毛丰厚，质地较硬，很蓬松，不直，也不卷曲

鼻大而宽阔，呈黑色

尾巴较粗，一般为断尾

前腿笔直，骨量充足

足小而圆，足趾圆拱，脚垫又硬又厚

● 驯养注意事项 ●

古代英国牧羊犬不能忍受高温，要给它一个凉爽舒适的生活环境。该犬喜爱运动，最好每天早晚都带它出去运动，它喜欢扑人，建议力气小的人放弃饲养该犬种。它十分黏人，主人外出时建议把它关在笼子里，否则有可能会破坏家中财物。古代英国牧羊犬的被毛较长，要经常清洁和打理，应每天早晚各梳毛 1 次，每次梳毛 5 分钟。

莱昂贝格犬

莱昂贝格犬小名片	
身高	65 ~ 80 厘米
体重	34 ~ 50 千克
原产地	德国
祖先	兰西尔犬、圣伯纳犬、比利牛斯山地犬
性格特点	活泼、温顺、重感情
运动量	跑步速度 60 分钟 ×2 次/天
用途	畜牧犬、守卫犬、伴侣犬
易患疾病	皮肤病、关节炎
耐寒性	耐寒性中等

易驯养性：★★★★
友好性：★★★★★
判断力：★★★★★
适合初学者：★★
健康性：★★★
社会性、协调性：★★★★

莱昂贝格犬起源于 19 世纪，因它所生活的莱昂贝格市而得名。该犬在第二次世界大战期间曾一度濒临灭绝，20 世纪末才逐渐得到繁衍。莱昂贝格犬喜欢游泳，大而圆的脚、前肢粗壮并且尾巴有浓密的被毛，这些都能帮助它在水中更好的活动。它外表和狮子长得很像，但性格温顺，对主人忠诚，从不会主动攻击陌生人。

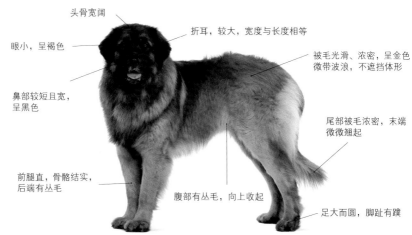

头骨宽阔

眼小，呈褐色

折耳，较大，宽度与长度相等

鼻部较短且宽，呈黑色

被毛光滑、浓密，呈金色微带波浪，不遮挡体形

尾部被毛浓密，末端微微翘起

前腿直，骨骼结实，后端有丛毛

腹部有丛毛，向上收起

足大而圆，脚趾有蹼

● 驯养注意事项 ●

　　莱昂贝格犬由于其温顺的性格，对小孩子极其有耐心且容易被训练。它的被毛较长，能够适应寒冬，酷暑时需要经常修剪和梳理。不要喂它较硬的食物，以免患上肠胃炎等疾病。莱昂贝格犬待人友好，不会攻击陌生人，不适宜看家护院。

爱尔兰猎狼犬

爱尔兰猎狼犬小名片	
身高	76 ~ 86 厘米
体重	48 ~ 54 千克
原产地	爱尔兰
性格特点	冷静、顺从、重感情
运动量	跑步速度60 分钟 ×2 次 / 天
用途	狩猎犬、家庭犬、伴侣犬
易患疾病	胃痉挛、髋关节发育不良
耐寒性	耐寒性中等
被毛颜色	红色、黑色、白色、灰色、驼色

易驯养性： ★ ★ ★ ★

友好性： ★ ★ ★ ★ ★

判断力： ★ ★ ★ ★ ★

适合初学者： ★ ★ ★

健康性： ★ ★ ★

社会性、协调性： ★ ★ ★ ★

爱尔兰猎狼犬起源于公元前 100 年，是爱尔兰的国犬。最初被猎人用来捕狼，18 世纪末，最后一只野狼被消灭之后，爱尔兰猎狼犬曾一度濒临灭绝，精心培育之后，与苏格兰猎鹿犬杂交，该犬种才得以保留。公犬拥有威武强壮的身躯，目前是世界上外型最高大的犬种。它聪明、善良、重感情的性格是人们一直青睐它的原因。

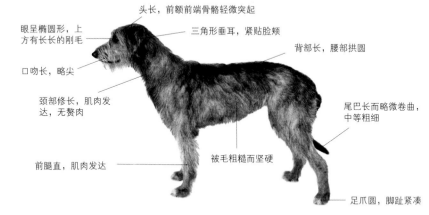

头长，前额前端骨骼轻微突起

眼呈椭圆形，上方有长长的刚毛

三角形垂耳，紧贴脸颊

背部长，腰部拱圆

口吻长，略尖

颈部修长，肌肉发达，无赘肉

尾巴长而略微卷曲，中等粗细

被毛粗糙而坚硬

前腿直，肌肉发达

足爪圆，脚趾紧凑

● 驯养注意事项 ●

爱尔兰猎狼犬因体型高大，需要较大的活动空间，若饲养者家中没有较大面积，建议放弃饲养。它有些胆小，面对家中入侵者不会大声吠叫更不会主动攻击，在训练时，主人应有意识地培养它勇敢的性格。该犬被毛需要经常梳理来促进其血液循环和保持整洁，应喂一些含蛋白质较高的食料使其被毛明亮有光泽。

阿根廷杜高犬

阿根廷杜高犬在 1920 年被培育完成，它的拉丁名 DOGO 在西班牙语中的意思是斗牛犬。这一凶猛且有耐力的犬种最初被用来参加斗犬竞赛，但由于它的培育者安东尼奥博士酷爱狩猎，赋予它狩猎野猪和非洲狮的重任，来保护庄园里的粮食不受损失。如今它还有着祖先獒犬暴躁的性格和较强的攻击意识，会是称职的看家守卫犬。

阿根廷杜高犬小名片

别称	阿根廷獒、杜高犬
身高	61 ~ 69 厘米
体重	36 ~ 45 千克
原产地	阿根廷
性格特点	暴躁、攻击性强、勇敢
运动量	跑步速度 60 分钟 ×2 次 / 天
用途	斗犬、狩猎犬、守卫犬
易患疾病	皮肤病、髋关节发育不良
耐寒性	耐寒性较强

易驯养性：★ ★
友好性：★
判断力：★ ★ ★
适合初学者：★
健康性：★ ★ ★
社会性、协调性：★ ★

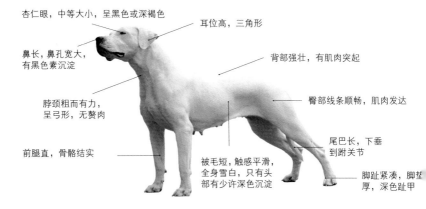

杏仁眼，中等大小，呈黑色或深褐色

耳位高，三角形

鼻长，鼻孔宽大，有黑色素沉淀

背部强壮，有肌肉突起

脖颈粗而有力，呈弓形，无赘肉

臀部线条顺畅，肌肉发达

前腿直，骨骼结实

尾巴长，下垂到跗关节

被毛短，触感平滑，全身雪白，只有头部有少许深色沉淀

脚趾紧凑，脚垫厚，深色趾甲

● 驯养注意事项 ●

　　训练阿根廷杜高犬时，一定要提前做好防护措施，避免因一时野性发作而咬伤主人。它的大体型需要一个可以自由活动的舒适场所，建议养在郊区或有院子的居所，方便每天有足够的运动量。该犬被毛会随季节的变化而变化，酷暑时被毛只有浅薄的一层，寒冬时会长出一层底毛。阿根廷杜高犬不流口水，没有异味，易方便打理。

英国指示犬

英国指示犬起源于 17 世纪，是英国最有代表性的猎犬，该犬因能够准确指示猎物的位置而得名指示犬。它依靠灵敏的嗅觉和敏捷的动作追捕猎物，当它发现猎物时会用身体姿势向猎人发出指示。它持久的耐力和抓捕猎物时的优美姿态，深受猎人的喜爱。该犬容易接近，可以为了除主人之外的人工作，不适合作为家庭宠物犬。

英国指示犬小名片

别称	波音达猎犬
身高	58 ~ 71 厘米
体重	25 ~ 34 千克
原产地	英国
性格特点	敏锐、警惕、好动
运动量	跑步速度 60 分钟 ×2 次 / 天
用途	狩猎犬
易患疾病	皮肤病、白内障、外耳炎等
耐寒性	耐寒性较强

易驯养性：★ ★ ★ ★

友好性：★ ★ ★ ★

判断力：★ ★ ★ ★

适合初学者：★ ★

健康性：★ ★ ★

社会性、协调性：★ ★ ★ ★

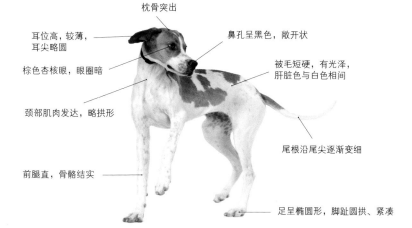

枕骨突出

耳位高，较薄，耳尖略圆

鼻孔呈黑色，敞开状

棕色杏核眼，眼圈暗

被毛短硬，有光泽，肝脏色与白色相间

颈部肌肉发达，略拱形

尾根沿尾尖逐渐变细

前腿直，骨骼结实

足呈椭圆形，脚趾圆拱、紧凑

● 驯养注意事项 ●

英国指示犬体型高大，要给它一个合适大的空间玩耍。天生爱跑动，对饲养者来说有些难驾驭。在幼犬时期就要有意培养它听指挥的能力，以免出门丢失爱犬。该犬被毛短而平整，不需要刻意修剪，每周梳理 1 次，两周洗澡 1 次即可。

法兰德斯牧牛犬

法兰德斯牧牛犬小名片

别称	比利时牧牛犬
身高	59 ~ 68 厘米
体重	27 ~ 40 千克
原产地	法国和比利时边境地带
性格特点	警惕、英勇、聪明
运动量	跑步速度 60 分钟 × 2 次 / 天
用途	警卫犬、狩猎犬、拖拽犬
易患疾病	皮肤病
耐寒性	耐寒性较强

易驯养性： ★★★★
友好性： ★★★★
判断力： ★★★★
适合初学者： ★★
健康性： ★★★
社会性、协调性： ★★★★

　　法兰德斯牧牛犬起源于 17 世纪，机警勇敢的性格，使其在第一次世界大战时担任通讯和寻找伤员的重任。由于战争太过惨烈，许多法兰德斯牧牛犬战死沙场，该犬种曾一度面临绝种的危机，直到 1920 年，才通过繁育帮助此犬种化解了危机。现今灵敏的嗅觉和主动聪明的性格，使它成为优秀的追踪犬和导盲犬。

头呈长方形

暗色椭圆形
眼，眼距宽

耳位高，呈三角形

鼻黑，鼻孔宽大

杂乱的双层黑色被毛

胸部宽阔

四肢有力，宽且短

足爪圆形，紧凑

• 驯养注意事项 •

　　法兰德斯牧牛犬的被毛长而杂乱，可以略微修剪以突出身躯轮廓。该犬能够适应城市的寒冬气候，但需要较大的活动空间。它不仅能够和孩子友好相处，还能警觉地保卫家庭不受侵害。聪明忠诚的它乐于主人的陪伴并且容易接受训练。

可蒙犬

可蒙犬曾经被誉为匈牙利牲畜守护之王，能自觉地守护羊群。它有着和羊一样的白色被毛，可完美隐藏在羊群中，当野狼攻击羊群时，它会出其不意地保护羊群，白绳似的被毛可帮助它免遭肉食动物的撕咬，还可抵御恶劣的环境。它不仅能够和孩子友好相处，还能警觉地保卫家庭不受侵害。

可蒙犬小名片

别称	克蒙多犬、拖把犬
身高	55 ~ 80 厘米
体重	36 ~ 59 千克
原产地	匈牙利
性格特点	警惕、勇敢、忠诚
运动量	跑步速度10分钟×2次/天
用途	守卫犬、家庭犬
易患疾病	皮肤病、关节炎、眼疾
耐寒性	耐寒性中等

易驯养性：★★★★
友好性：★★★
判断力：★★★★
适合初学者：★
健康性：★★
社会性、协调性：★★★

杏仁眼，中等大小，深棕色，被长长的被毛覆盖

三角形耳，尖端略圆

鼻镜宽，鼻孔大，呈黑色

颈部略拱，中等长度，肌肉发达，无赘肉

前腿直，肌肉发达，骨量充足

足爪结实，脚趾紧密、呈圆拱状

尾巴自然下垂，尾尖弯向一侧

被毛浓密，为持久、结实的白色绳索状，触感似毡垫

● **驯养注意事项** ●

　　可蒙犬的被毛长而杂乱，有两种不同的皮质类型，第一种较简单，其毛发自身形成细致的发缕儿。第二种皮质较复杂，梳理时应选较宽的梳子，按被毛排列和生长顺序，由头到尾，从上到下进行梳理。该犬能适应城市的寒冬气候，但需要较大的活动空间。以吃含量均衡的狗粮为首选，如对只吃狗粮不能接受，那么至少需要在其他食物中每日添加狗粮来保证它的营养均衡。可蒙犬聪明、忠诚，较容易接受训练。

西藏獒犬

西藏獒犬是世界上最凶猛的犬种，也是公认的最古老且仅存于世的稀有犬种之一，在西藏被喻为"天狗"，被看作人们的保护神。因其在古罗马时代的斗技场中与老虎、狮子等凶猛野兽打斗毫不逊色而驰名世界，现今纯种藏獒的数量渐少。该犬虽对主人十分亲热，但对陌生人有强烈的攻击性，在公众场所可能会构成严重威胁。

西藏獒犬小名片

别称	吐蕃獒、东方神犬
身高	61 ~ 71 厘米
体重	64 ~ 82 千克
原产地	中国西藏
性格特点	警惕、忠诚、勇猛
运动量	跑步速度 60 分钟 ×2 次 / 天
用途	守卫犬
易患疾病	皮肤病、髋关节发育不良
耐寒性	耐寒性中等

易驯养性：★ ★ ★

友好性：★ ★

判断力：★ ★ ★

适合初学者：★

健康性：★ ★ ★

社会性、协调性：★ ★

头面宽阔

耳呈 V 形，中等大小，自然下垂

杏仁眼，稍斜

鼻宽且大，鼻梁坚挺

尾毛长密，向上侧卷于臀上，成菊花状，休息时，下垂

双层被毛，厚密、光滑，多为黑色和土黄色

嘴宽且深，嘴唇厚实，齿大，洁白

后腿强壮有力，肌肉发达

圆形足，紧凑，拱形的趾，脚垫厚

● 驯养注意事项 ●

西藏獒犬是世界上最凶猛的犬种，有着令人惧怕的攻击性，在日常养犬训练时，饲养者要注意自身安全，避免因该犬一时野性发作而受到攻击。早晚应各梳毛 1 次，每次梳毛 5 分钟。藏獒是一种护食的犬种，在它进食时，不要靠近它的食物，以免遭受攻击。

巴西獒犬

巴西獒犬小名片

别称	菲勒布瑞斯莱亚犬、考迪菲勒犬
身高	65 ~ 75 厘米
体重	41 ~ 50 千克
原产地	巴西
性格特点	勇敢、果断、顺从
运动量	跑步速度 60 分钟 ×2 次 / 天
用途	狩猎犬、守卫犬、伴侣犬
易患疾病	髋关节发育不良、胃痉挛
耐寒性	耐寒性较强

易驯养性：★ ★

友好性：★ ★

判断力：★ ★ ★

适合初学者：★

健康性：★ ★ ★

社会性、协调性：★ ★ ★

现今巴西獒犬是巴西的国犬，同时也是优秀的追踪犬。在巴西的奴隶社会制时期，它不同寻常的追踪能力，能迅速将逃亡的奴隶完好无损地带回，因此大受奴隶主追捧。它因对陌生人的警觉和骇人的外表，还被用来看守家禽，驱赶野兽，当时拥有多功能的巴西藏獒深受人们青睐。如今由于它凶狠的攻击力和硕大的体型，被很多国家禁养。

头呈正方形，较大

杏仁眼，中等大小，深栗色至黄色

耳大，较厚，呈 V 形下垂

鼻头宽，鼻梁不明显

被毛鼠灰色、有斑点，短而密，柔软，紧贴皮肤，

颈部强壮，松弛有赘肉

后腿肌肉发达，比前腿长

前腿直，骨骼强健有力

足部大而平

● 驯养注意事项 ●

巴西獒犬的饲养者必须有较强的犬类饲养能力或相关知识，寻常的训练方法只会让它们感觉无聊，从而厌烦训练。该犬的喂养、运动训练可能需要很长时间，且都必须仔细操作。它不能适应在犬舍中的生活，饲养者必须把它当作家庭的一分子。它的被毛虽短，但也要经常梳理。

意大利卡斯罗犬

意大利卡斯罗犬小名片

别称	凯因克尔索犬
身高	60 ~ 68 厘米
体重	40 ~ 50 千克
原产地	意大利
性格特点	忠诚、勇猛、聪明
运动量	跑步速度 60 分钟 ×2 次 / 天
用途	伴侣犬、搜救犬、军警犬
易患疾病	眼疾、急性胃扩张
耐寒性	耐寒性较强

易驯养性：★ ★ ★ ★

友好性：★ ★ ★ ★

判断力：★ ★ ★ ★

适合初学者：★

健康性：★ ★ ★ ★

社会性、协调性：★ ★ ★

意大利卡斯罗犬是古罗马时代的斗犬，距今已有 2000 多年的历史了。最初它们被用来捕捉野猪和熊这样的大型野兽，有时也会帮助屠夫驱赶家畜，靠着它们优秀的工作能力和敏捷的反应能力得以存活至今。近年来，纯种的意大利卡斯罗犬数量在逐渐减少，甚至到了绝种边缘，在人们的精心培育后，数量逐渐回升，但目前仍旧是稀有犬种。

头部大，头骨宽阔

卵形眼，略突出

黑色鼻，开放的鼻孔

耳呈三角形下垂

被毛短，皮肤光滑细腻，介于黑、蓝、黄及其之间的渐变色

颈部强有力，肌肉发达

大腿强壮有力，无赘[

尾巴短，尾[

前腿直，骨骼结实，肌肉发达

足部大而平

● 驯养注意事项 ●

意大利卡斯罗犬能适应城市生活，可以安静地待在房间，很少吠叫。它对陌生人和狗会产生攻击，幼时就必须进行严格的训练，并且要多带它出去接触人群。它有着自己的思维逻辑，很容易被训练，若是训练方法不合理则会引起它的逆反心。虽然被毛短，但也需每天梳理。它对孩子温柔且有责任感，适合陪伴孩子一起成长。

高加索牧羊犬

高加索牧羊犬是目前世界上最大的犬种之一，性格凶猛但喜欢与主人亲近。1960年，它们曾作为巡逻犬沿着柏林墙守卫。1989年随着柏林墙的倒塌，它们被送给德国的普通家庭用于看守家畜和保卫家庭安全。多年来该犬种的性格逐渐变得温和，但面对陌生人仍会抱有敌意。

高加索牧羊犬小名片

身高	64～72 厘米
体重	45～70 千克
原产地	俄罗斯
性格特点	顺从、警惕、忠诚
运动量	跑步速度 60 分钟 ×2 次 / 天
用途	护卫犬
易患疾病	髋关节发育不良、皮肤病
耐寒性	耐寒性中等
被毛颜色	黄色、淡黄色、白色

易驯养性： ★ ★ ★
友好性： ★
判断力： ★ ★ ★ ★
适合初学者： ★
健康性： ★ ★ ★
社会性、协调性： ★ ★

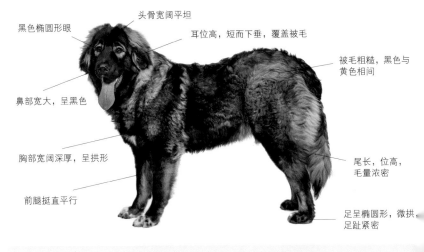

头骨宽阔平坦

黑色椭圆形眼

耳位高，短而下垂，覆盖被毛

被毛粗糙，黑色与黄色相间

鼻部宽大，呈黑色

胸部宽阔深厚，呈拱形

前腿挺直平行

尾长，位高，毛量浓密

足呈椭圆形，微拱足趾紧密

● 驯养注意事项 ●

高加索牧羊犬懂得陪孩子玩耍，并且不会伤害到孩子，但由于此犬过于庞大的身躯，它们玩耍时仍需要家人的陪护。帮助该犬梳毛时，最好一层一层条理地梳毛，先将表层的长毛理顺，再掀起长毛梳理底下的细绒毛。喂养时要确保营养均衡，荤素搭配。

荷兰牧羊犬

荷兰牧羊犬小名片	
别称	尼德兰牧羊犬
身高	55 ~ 63 厘米
体重	29.5 ~ 30.5 千克
原产地	荷兰
性格特点	忠诚、友好、聪明
运动量	跑步速度 60 分钟 ×2 次 / 天
用途	伴侣犬、保安犬
易患疾病	髋关节发育不良
耐寒性	耐寒性中等

易驯养性： ★ ★ ★ ★ ★
友好性： ★ ★ ★ ★ ★
判断力： ★ ★ ★ ★ ★
适合初学者： ★ ★
健康性： ★ ★ ★
社会性、协调性： ★ ★ ★

荷兰牧羊犬诞生于 18 世纪，根据被毛的不同可划分为：长毛型、短毛型、刚毛型。该犬种易于训练，拥有灵敏的嗅觉和较强的爆发力，可长时间工作并可忍耐恶劣的气候，一直是荷兰军警部门的优秀护卫犬和搜寻犬。它友好、活泼、忠诚的性格能够给家庭带来欢乐，并且能够和小朋友友好相处。

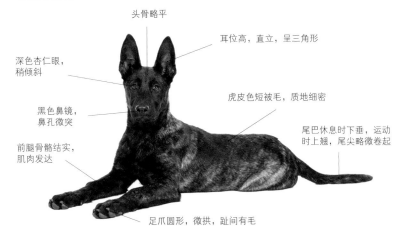

头骨略平

耳位高，直立，呈三角形

深色杏仁眼，稍倾斜

虎皮色短被毛，质地细密

黑色鼻镜，鼻孔微突

尾巴休息时下垂，运动时上翘，尾尖略微卷起

前腿骨骼结实，肌肉发达

足爪圆形，微拱，趾间有毛

• 驯养注意事项 •

荷兰牧羊犬每天需要较大的运动量，需要补充大量的肉食能量，喂养时一定要注意营养均衡搭配。它很怕热，主人需给它提供一个相对凉爽舒适的生活环境，被毛也要定期梳理。荷兰牧羊犬有很高的智商，很容易进行服从性训练。

伯瑞犬

伯瑞犬小名片	
别称	布里牧羊犬
身高	57 ~ 69 厘米
体重	34 千克左右
原产地	法国
性格特点	警惕、重感情、机智
运动量	跑步速度60 分钟 ×2 次 / 天
用途	家庭犬、守门犬
易患疾病	髋关节发育不良、皮肤病
耐寒性	耐寒性中等

伯瑞犬是目前法国境内最古老的犬种之一，8世纪的挂毯和12世纪的文献中都曾出现过它的身影，18世纪70年代的拿破仑时期只有贵族才可以饲养伯瑞犬，并且以饲养该犬为荣。它最初被用于驱赶大型野禽来保护货物，后来逐渐转变为保护家禽和看守财产。如今因该犬机智、温柔又重感情的性格备受青睐，成为很多家庭的一分子。

易驯养性：★★★
友好性：★★★★
判断力：★★★
适合初学者：★★★
健康性：★★★
社会性、协调性：★★★

头骨宽阔
耳位高且短，覆盖浓密的长毛
口鼻部呈正方形，鼻镜黑色
肝色波浪状长被毛
胸部深且宽
前腿直，覆盖被毛
足爪大，脚垫厚

● 驯养注意事项 ●

伯瑞犬能适应城市生活和寒冬的气候，因其体型庞大，饲养者要给它一个稍大的空间。它的被毛较长，需要一层一层地经常梳理，避免皮肤病的发生。在室内伯瑞犬有时会强制小孩子待在一个它认为安全的范围内，大人最好在身旁陪同，以防发生危险。它不容易与别的犬相处，带它外出时一定要密切注意它的情况。

阿拉斯加雪橇犬

阿拉斯加雪橇犬是目前最古老的雪橇犬种之一。它四肢发达、肌肉强壮，当时培育它是为了运载货物、拉动雪橇。在多年的杂交过程中，纯种阿拉斯加雪橇犬已经完全灭绝，现今的阿拉斯加雪橇犬是由本土雪橇犬和哈士奇为基础培育和发展的。阿拉斯加雪橇犬相对于其他犬种自律性较差，也更为活泼。

阿拉斯加雪橇犬小名片

别称	阿拉斯加犬、阿拉斯加马拉穆
身高	65 ~ 71 厘米
体重	39 ~ 56 千克
原产地	美国
性格特点	忠诚、活泼、自由
运动量	跑步速度 60 分钟 ×2 次 / 天
用途	雪橇犬、守卫犬、工作犬
易患疾病	皮肤病、肠胃炎
耐寒性	耐寒性较强

易驯养性：★ ★ ★ ★ ★

友好性：★ ★ ★ ★

判断力：★ ★

适合初学者：★ ★ ★

健康性：★ ★

社会性、协调性：★ ★ ★ ★

头骨宽阔

三角形立耳，两耳间距宽

杏仁眼，微倾

浓密的双层被毛，有灰、黑白、红棕三种色系

鼻部较短且宽，有黑斑，鼻孔大

尾似狐尾，休息时下垂，运动时上翘

胸部宽阔

后腿粗壮，肌肉发达

前腿平行笔直

足呈椭圆形，肉垫紧密、厚实

● 驯养注意事项 ●

阿拉斯加雪橇犬源于寒带，不耐酷暑，饲养者要为它提供一个凉爽的生存环境和较大的生存空间，便于它玩耍并保证足够的运动量。它被毛浓密要经常梳理。该犬肠胃功能较弱，喂养时应避免细碎的动物骨头，且禁喂人类食物，以免上吐下泻。

比利时拉坎诺斯牧羊犬

比利时拉坎诺斯牧羊犬小名片	
别称	格罗尼达尔犬、比利时牧羊犬
身高	55 ~ 66 厘米
体重	27.5 ~ 28.5 千克
原产地	比利时
性格特点	热心、友好、友善
运动量	跑步速度30分钟×2次/天
用途	伴侣犬、守卫犬
易患疾病	皮肤病、关节炎
耐寒性	耐寒性较强

易驯养性： ★ ★ ★ ★ ★

友好性： ★ ★ ★ ★

判断力： ★ ★ ★ ★ ★

适合初学者： ★ ★

健康性： ★ ★ ★

社会性、协调性： ★ ★ ★

比利时拉坎诺斯牧羊犬直到19世纪人们才开始注意到它的存在，该犬得到了比利时女王的喜爱，并用她居住的拉坎宫给该犬命名。20世纪以前，用它来看守羊群和保护家庭。如今被作为军警犬参加搜寻、追踪、救护任务。该犬天生聪慧、有很强的占有欲，故而对羊群和主人的财产看守严密。它对主人热情，但对陌生人时刻保持警惕。

三角形立耳

杏仁眼，褐色，眼窝呈黑色

吻部渐呈锥形，鼻镜黑色

被毛较短且粗糙，呈浅黄色至棕红色，覆盖黑色斑纹

尾呈玉米穗状，放松时下垂，兴奋时卷曲

前腿细长且直，骨骼结实

足呈椭圆形，脚趾圆拱，脚垫厚

● 驯养注意事项 ●

比利时拉坎诺斯牧羊犬个性较强，在驯养过程中切不可粗暴对待它，需耐心地教导它。被毛建议经常梳理，耳朵眼睛周围的清洁也要时刻注意。喂养时要给它准备一个专属吃饭的器皿，每天提供新鲜的饮用水。

参考文献

［1］ 日本芝风有限公司.名犬图鉴——331种世界名犬驯养与鉴赏图典.崔柳 译.河北：河北科学技术出版社，2014.

［2］ 吉姆·丹尼斯－布莱恩.世界名犬驯养百科.章华民 译.河南：河南科学技术出版社，2014.